ちくま新書

日本半導体

牧本次生
Makimoto Tsugio

1616

日本半導体　復権への道【目次】

まえがき

昨今、半導体をめぐる話題が多く飛び交うようになった。その背景として次のようなことが挙げられる。

一つ目は二〇一七年、米国トランプ政権の発足以来、米中半導体摩擦が激しくなったことだ。中国は世界最大の半導体消費国であるが、これを国内で生産することは限定的であり、大半を輸入に依存している。国産化の比率を上げるために政府が巨額の資金を投入していることに米国は警戒を強めており、安全保障上の懸念となる主要企業をエンティティリスト（制裁対象リスト）に入れて制裁を加えている。中国最大の通信機メーカーであるファーウェイがTSMC（台湾のファウンドリ企業）の最先端半導体の力を駆使して強い競争力を持つようになってきていることを警戒し、米国は制裁を科してTSMCにアクセスすることを制限した。この制裁により、ファーウェイのスマートフォン（スマホ）事業は失速してしまったのである。

また、中国で最大のファウンドリ企業であるＳＭＩＣも制裁のリストに加え、半導体製造装置の販売を制限したため、ＳＭＩＣでは先端半導体を生産する道が閉ざされている。

一方、米国側でも大きな不安要因を抱えている。米国企業の生産の大半をＴＳＭＣに依存しているが、そこには大きな地政学的リスクが潜んでいる。仮に台湾有事の事態となれば、半導体のサプライチェーンは大混乱に陥ることになるだろう。そのような事態に備えて、急遽米国では国内での製造強化に動き出している。

二つ目の要因は二〇二〇年の末頃から突然に発生した半導体不足の問題である。家電製品やパソコンなどもその影響を受けたが、最も強烈な打撃を受けたのは自動車分野であった。年明けの一月下旬には日本、米国、ドイツの政府高官が台湾へ飛び、台湾政府とＴＳＭＣに対して自動車向け半導体の増産を要望した。自動車向け半導体の大半をＴＳＭＣが作っているからである。二〇二一年の半ばを過ぎてもこの問題は尾を引いており、今年の自動車生産には七〇〇万台から九〇〇万台の影響が出ると言われている。

三つ目の要因は、日本半導体の衰退が激しいことに対して、政府が急遽重い腰を上げて対策に動き出したことだ。三〇年前には世界における日本のシェアが五〇％強であったが、現在は一〇％を切るところまで落ち込んでいる。経済産業省はこのトレンドが続けば、二〇三〇年にはほぼ〇％になるのではないかと衝撃的な予想をしている。日本の半導体は絶滅危惧の状態にあるということだ。

以上に挙げた三つのことは別々のことのように見えるが、共通していることは近年、半導体の重要性が格段に大きくなっていることである。これまで「半導体は産業のコメ」と言われてきたがその時代は過ぎて、「半導体は現代文明のエンジン」という表現がふさわしいのではないかと筆者は考えている。大手ＩＴ企業のＧＡＦＡ（グーグル、アップル、フェイスブック、アマゾン）が自ら半導体を作るようになったこともその一つの証といえよう。半導体を失って日本の明るい未来はないのである。

二〇二一年の三月、政府主催で半導体強化のための官民合同戦略会議が開かれた。会議の冒頭で梶山弘志経産省大臣は「強靭な半導体産業を持つことが国家の命運を握る」と発言し、日本における半導体の重要性を強調した。

筆者は二〇〇六年に『一国の盛衰は半導体にあり』（工業調査会）を上梓して、日本半導体の危機的状況に対して警鐘を鳴らした。それから一五年を経て政府が本格的に動き出したことは、遅きに失した感があるものの、一歩前進としてこれを受け止め、期待を寄せている。しかし、いったんこれに取り組むからには日本半導体が絶滅危惧状態からしっかり立ち直るための道筋を作らなければならない。

一方、一口に「半導体」と言ってもいろいろな切り口があり、すべての切り口で半導体が衰退しているわけではない。デバイス産業の川上に位置する半導体材料分野や製造装置分野は極めて健全であり、強い国際競争力を維持している。この分野においては「強きをさらに強く」することが戦略の基本となるが、韓国・中国の台頭には十分な備えが必要である。両国は国内に大きな市場を抱えており、長期的には極めて有利な条件となるだろう。

逆に、弱体化しているのはデバイス産業と川下に位置する電子機器産業である。日本においては半導体産業の黎明期から今日に至るまで、デバイス産業と川下産業とは盛衰を共にしてきた。したがって、デバイス産業の強化のためには半導体産業と川下産業の両分野でこれを考えなければならない。

一九八〇年代にジャパン・アズ・ナンバーワンと言われた背景の一つは日本の家電製品が世界市場を制覇したことであるが、縁の下でこれを支えていたのが半導体である。そのルーツは、真空管が使われていた一九五〇年代にいち早くトランジスタを使ってラジオを作り、大きな成功を収めたことにある。テレビやVTR、ウォークマンなどがこれに続いて家電王国が築かれた。これは半導体と家電製品の相乗効果がもたらした成果であり、家電分野は（メインフレーム・コンピュータとともに）一九七〇年代、一九八〇年代における半導体の主力市場となった。

一九九〇年代になるとマイクロプロセッサとメモリが半導体の中心となって米主導のパ

ソコン産業が立ちあがり、二〇〇〇年代までパソコンが主力市場となった。しかし二〇一〇年代になると半導体の主力市場の座はスマホへと移り（米主導）、今日に至っているが、スマホの時代もいつまでも続くわけではない。二〇三〇年代までには新しい主力市場が立ちあがるだろう。

筆者は、スマホの次の主力市場は自動運転車を含むロボティクスの分野になるだろうと予想している。ロボットの知能は半導体の進化とともに今後さらに発達し、「賢いロボット」の有用性が高まって、その応用分野を大きく広げていくだろう。

わが国にとってロボット産業の発展は次のような意義を持っている。

第一に、目指すべき未来社会、Society 5.0において、ロボットはサイバー、フィジカル両空間の接点にあって、安全・安心なスマート社会がスムーズに機能するための必要不可欠な要素となる。

一例として、ネットで購入した物品の配送について考えてみよう。配送センターまで届いた物品は倉庫管理ロボットによって仕分けされ、自動配送車に積まれる。自動配送車は公道を進むが、ここには多くの自動運転車（ロボットの一つ）が行き交っている。事故はなく渋滞もないので、所要時間を正確に読むことも可能だ。定刻にマンションに着くと待機していたサービス・ロボットが物品を受け取り、受取人の都合の良い時間帯に玄関先まで届ける。ロボットが中心になってすべてのプロセスが安心・安全・確実に行われる。

第二に、日本は少子高齢化の先進国であり、現在、六五歳以上の高齢化比率は二九・一%（二〇二一年）で世界のトップである。今後、労働力人口が減少し、人手不足が広く社会全体の問題になるだろう。高度な知能を持つ賢いロボットの存在が人手不足に伴う諸問題を緩和することになる。国内に大きなニーズがあることは、ロボット産業の国際競争において大きな「地の利」として作用する。

第三に、これまで右肩下がりの衰退傾向にあった電子機器産業が再び活性化してよみがえることだ。これによって半導体の需要も再び増加傾向に転じ、日本半導体の復権の道が開けるだろう。

半導体の方ではロボティクス産業との連携を強め、最適な半導体デバイスを先行して提供できる体制を作らなければならない。高性能のＡＩ（人工知能）半導体が中心となるが、その他にもメモリやマイコン、各種のセンサやパワーデバイスなどモアザン・ムーア型と呼ばれる多くのデバイスが必要となる。

政府は以上に述べたようなロボティクス産業と半導体産業の重要性について、しっかり国民の理解を得た上で、思い切った振興策を講じるべきである。

ロボット分野は極めて多岐にわたるので、半導体デバイスに対しては非常に難しい対応が求められる。性能面では（上位から下位までをカバーする）スケーラビリティーが必要であり、異なるタスクを広くカバーするにはフレキシビリティーが求められ、ソフト、ハードの両面でこれに対応しなければならない。

また、極めて専門性の高い要素技術（メカニクス制御、信号処理、画像認識、音声認識／合成、通信制御など）の集積から成る総合技術であるため、異分野結集型の組織（半導体、ロボット、自動車、コンピュータ、通信など）で対応しなければならない。

これらの難題を克服して、ロボティクス向け半導体デバイスの技術基盤を先行して確立するために、官民連携での強力な開発体制で推進することを提言する。

これまでの半導体主力市場の争奪戦を総括すれば、日本は一勝（家電製品）二敗（パソコンとスマホ）の負け越しである。しかし、次のロボティクス市場を制覇すれば二勝二敗のイーブンに持ち込めるのだ。国の総力をあげてチャレンジしようではないか。

今後のロボティクス産業の発展の過程において、筆者が最も注目しているのはアップルカーの動向である。いつ出てくるかはわからないが、出るとしたらこれまでのイメージを一新し「自動車は人を運ぶロボット」になるのではないだろうか。アップルは二〇〇七年にスマホを市場導入し、その後の流れを一変させた。当時の最先端の半導体の能力を最大限に活用することで「電話を再発明する」ことに成功したからである。アップルカーの場合もその時点における最先端の半導体の能力をフルに活用することによって、自動車に斬新な機能を盛り込むのではないかと予想される。

アップルカーの登場は、ロボティクス産業の本格的な立ち上がりを告げる号砲となるだろう。また、半導体分野にとっては新しい時代の到来を告げるシグナルとなるだろう。

本書の構成について触れておきたい。これは先の著書『一国の盛衰は半導体にあり』の骨子を生かしつつ、今日までの情勢の変化を取り入れて書き加えたものである。先の著書は絶版になってからもアマゾンのサイトで購入が可能であったが、米中摩擦が激しくなってから品切れになることが多くなった。たまたま売りに出ていることがあったが、数万円の値段がついていて、大いに驚くと同時にこの本に対する関心の強さを感知し、これが今回の執筆のモチベーションにつながった。

本書の第1章、第2章、第6章は新しく書き下ろしたものである。残りの第3章、第4章、第5章、第7章は先の著書の当該章をベースにして加筆訂正を行ったものである。

なお、第7章の末尾に日本半導体の応援歌「日はまた昇る半導体」の歌詞とYouTubeのアドレスが示されている。

また巻末には「用語解説」の欄を設けたので、適宜ご参照いただきたい。

第1章

半導体をめぐる最近の動向

1　米中半導体戦争

†半導体戦争の背景

二〇一六年一一月、アメリカ大統領選で実業家のドナルド・トランプが大方の予想を覆して大勝し、二〇一七年一月にトランプ政権が発足した。トランプのトップ・プライオリティーは「アメリカ・ファースト」で、アメリカの国益になることを優先的に取り上げる。彼がそこで目を付けたのが対中貿易赤字の削減で、これを是正すべくアメリカ側から中国に貿易戦争を仕掛け、まずは関税引き上げから始めた。

二〇一八年七月、アメリカは中国から輸入する産業機械など約八〇〇品目、金額ベースで三四〇億ドル（約三兆八〇〇〇億円）に二五％の関税を上乗せした。中国は間髪入れずアメリカ側の制裁措置と同額の三四〇億ドル相当の米国製品に二五％の関税をかけた。トランプがすぐさま同年八月に約三〇〇品目、一六〇億ドル相当の中国製品に同じく二五％の関税をかけると、中国もやはり一六〇億ドル相当の米国製品に二五％の関税をかけた。以降、このような動きは一層エスカレートしてゆき、トランプは同年九月に二〇〇〇億ドル相当の中国製品に一〇%の追加関税をかけ、二〇一九年以降はこれを二五%に引き上げるとした。しかし中国のアメリカからの輸入はそれよりもはるかに少ないため、六〇〇億ドル相当の米国製品に四段階の関税率による追加関税をかけた。世にいう米中関税合戦である。

しかしこの戦略をこれ以上続ければ物価が上昇し、両国民の生活に悪影響を与えることは避けられないため、現時点ではひと段落して休戦状態となっている。そこで浮上してきたのが半導体をめぐる米中摩擦である。

中国ではパソコンやテレビ、スマートフォン（スマホ）が大量生産されており、世界最大の半導体消費国であるが、半導体を国内で製造する能力は限定的であり、そのほとんどを輸入に頼っている。そのため、半導体の製造能力を向上させることが国の重要戦略となっている。

しかし一方で、設計の面では非常に力の強い会社が出てきており、そのひとつがファーウェイ傘下のハイシリコンである。ハイシリコンは高い設計技術を持っているが自国では生産ができないため、台湾のTSMCに半導体の製造を依頼し、ファーウェイがそれを用いたシステム・端末をつくる。このような形で、ファーウェイはアップルやサムスンなど最先端の技術を持つスマホメーカーとほぼ同時に5G向けのスマホを発表し、世界に大きなインパクトを与えた。そして二〇一九年、ファーウェイはアップルを抜いてスマホの出荷台数でサムスンに次ぐ世界二位となった。

アメリカはファーウェイはじめ中国のハイテク企業の力が急伸していることを警戒しこれ以上強くなる前に、出鼻を挫いておかねばならないと考えている。これが米中半導体摩擦の背景である。

†米国半導体の生い立ち

アメリカは世界で最初にトランジスタを発明し、それに続いて集積回路(IC)を発明した。そしてこの二つの産業の立ち上がりにおいても先導的な役割を果たし、自他ともに認める半導体王国となっている。特に半導体産業の黎明期、アメリカはこれを軍需・宇宙産業に活用した。これらの分野ではそれまで、半導体より一〇倍以上も大きい真空管を用いていた。たとえばロケットの制御システムを真空管でつくると非常に重いうえに大きくなり、遠くまで飛ばすことができなくなる。むろんミサイルも同様である。その点、半導体は非常に小型であるうえに信頼性が高く、軍需産業はこれを歓迎した。

ICは一九五〇年代末に発明され、一九六〇年代初頭から生産が開始されたが、これによってさらにロケットやミサイル、電子機器の小型化・軽量化が可能となるため軍需・宇宙産業で広く用いられた。まさにそのような時期、一九六一年五月にジョン・F・ケネディ大統領は「一九六〇年代中に人間を月に到達させる」との声明を発表した。これが有名なアポロ計画である。この計画を遂行するためには生まれて間もないICが重宝され、政府の事業であるがゆえに金に糸目を付けず、高価なICでも数多く導入された。航空誘導システムを小型化するため、これは避けて通れない道であった。また、これと同時期に進行していた大陸間弾道ミサイル（ミニットマン）の計画でも、ICが誘導システムの中心的な構成要素となった。一九六〇年代の半ばには、アメリカで生産されたICの大半がアポロ計画とミニットマンに使われ、民生用の比率は低かったといわれている。

このような歴史的背景により、アメリカでは国民の間で広く「半導体は国防の要である」という認識が共有されている。特に大統領は半導体分野における優位性が他国に脅かされることを強く懸念しており、日本よりもはるかに半導体についてセンシティブな考えを持っている。

†日米半導体摩擦

しかし八〇年代になると、アメリカの半導体分野における優位が大きく揺らぐことになる。半導体の生産額の世界シェアで常にトップを走ってきたアメリカを日本が猛追し、やがて逆転した。アメリカが半導体分野において日本に敗れれば、国の重要産業であるコンピュータや通信などといった分野も危うくなる。さらには国防の点でも、他国に後れを取る事態となりかねない。このことは官民に大きな衝撃を与え、強い危機感が広がった。

そうした背景において発生したのが一九八〇年代から九〇年代にかけての日米半導体摩擦で、一九八六年に日米半導体協定が結ばれた。そしてその翌年、一九八七年にアメリカは日本が第三国向けの輸出でダンピングし、日本市場で海外製半導体のシェアが拡大していないことを理由に強い制裁措置を発動する。その際、前面に出て声明を発表したのがロナルド・レーガン大統領である。これは日本半導体の盛衰に大きな影響を与えたことでもあるため、第5章でさらに詳しく述べることにする。

†半導体は大統領のマター

レーガン大統領を含め、アメリカの歴代のトップはいずれも半導体に強い関心を持っている。トランプ大統領は米中摩擦において、強烈なまでの中国半導体叩きを主導した（図1−1）。一方、前任のバラク・オバマ大統領は国民がよりよく理解できるようなかたちで、半導体の重要性を強調した（図1−2）。彼は在任中、数回にわたり全米各地の主な半導体の製造拠点を訪問し、従業員にエールを送り、その姿はテレビなどで大きく報じられた。

このような取り組みにより、半導体の重要性が国民に強く印象付けられたことは言うまでもない。

二〇二一年に大統領に就任したジョー・バイデンもまた半導体分野の強化に力を入れており、中国に対する政策もより厳しさを増している。同年二月二四日、バイデン大統領は半導体を含む重要な製品・材料におけるアメリカのサプライチェーンの回復力を強化するための大統領令に署名した。彼はホワイトハウスでの会見で半導体チップを手に持って掲げながら、次のように述べた(図1-3)。

図1-1 中国の半導体叩きを主導したトランプ大統領

図1-2 インテルの半導体拠点を訪問したオバマ大統領

図1-3　半導体の重要性を強調するバイデン大統領

「この半導体チップは郵便切手よりも小さいが、驚いたことに人間の髪の毛の一万分の一という線幅で加工されたトランジスタを八〇億個以上も搭載している。これは、米国に大きな力を与えてくれる奇跡的なイノベーションであり、自動車やスマートフォン、テレビ、ラジオ、医療診断機器など、人々の現代生活を維持するためのさまざまな機器を実現してくれる存在だ」。

この言葉からはアメリカのトップの半導体に対する深い理解、ならびにその重要性を国民と共有しようとする強い意識がうかがえる。わが国の状況を考えると、その差は歴然としていると言わざるを得ない。

†米国半導体の強みと弱み

米国の半導体製品の世界シェアは五〇%を超えており、これはGDPの一%に相当する。半導体分野における世界上位一〇社にはパソコン向けマイクロプロセッサのインテルをはじめとしてメモリ専業のマイクロン、スマートフォン向けデバイスのクアルコムやブロードコム、ＡＩデバイスのエヌビディア、アナログ製品のＴＩと米企業が六社も入っており、その陣容は世界最強である。

一方で半導体の製造を受け持つファウンドリのシェアは一〇％に満たず、大きなアンバランスが生じている。国内最大手のグローバルファウンドリーズの世界ランキングは第四位で、技術レベルでは台湾のＴＳＭＣや韓国のサムスンにかなり遅れを取っており、米国の設計会社は製造の大部分を台湾のＴＳＭＣなどに依頼しているのが実情である。

半導体分野における米国の最大の問題点はここにあり、政府は多額の資金を投じて製造面の強化を図ろうとしている。すでに一件あたり三〇〇〇億円の補助金などを含む国防授権法が成立しているが、さらにバイデン大統領は五二〇億ドル（約五兆七〇〇〇億円）の半導体産業投資を含むＣＨＩＰＳ法案（Creating Helpful Incentives to Produce Semiconductors for America Act）に賛意を表明している。

このような動きには重要な政治的背景がある。中国は台湾について、かねてから「一つの中国」という政策的立場を表明し、台湾は不可分の領土であると主張している。今後、台湾が香港のような状況に陥るとＴＳＭＣも中国の管理下に入る恐れがある。米国政府はこのような地政学的リスクを強く警戒しており、国内のファウンドリの増強に力を入れていると考えられる。

†中国半導体の現状と課題

次に中国の状況について述べる。前述のように中国はテレビなどの民生機器をはじめとして、パソコンやスマホなど多くの電子機器生産の世界的な中心となっており、半導体の需要は世界一である。世界の半導体の約四割は中国で消費されているが、そのすべてを自国内で作ることはできず、半導体自給率は低い状態が続いている。そのため多くを輸入に頼り、これが貿易赤字の大きな原因となっており、その規模は石油に並ぶともいわれている。

二〇一五年、政府は「中国製造二〇二五」という国の基本戦略を発表した。そこでは国の重要戦略産業として一〇分野が指定されており、その筆頭に挙げられているのが半導体/次世代通信技術（5G）である。その他にはロボット、航空宇宙設備、新エネ自動車、新素材、バイオ医療などが入っており、半導体と密接に関連した産業が大半を占める。

半導体強化のため、政府は約五兆円の基金を準備している。また地方政府でも半導体産業向けに五兆円を超える基金があり、合計すると一〇兆円超の準備ができている。

中国と技術的な覇権を争う米国は「中国製造二〇二五」に警戒感を強めている。二〇一八年に開かれた米中貿易協議で米国は中国に対して、関連産業への補助金を中止するなど

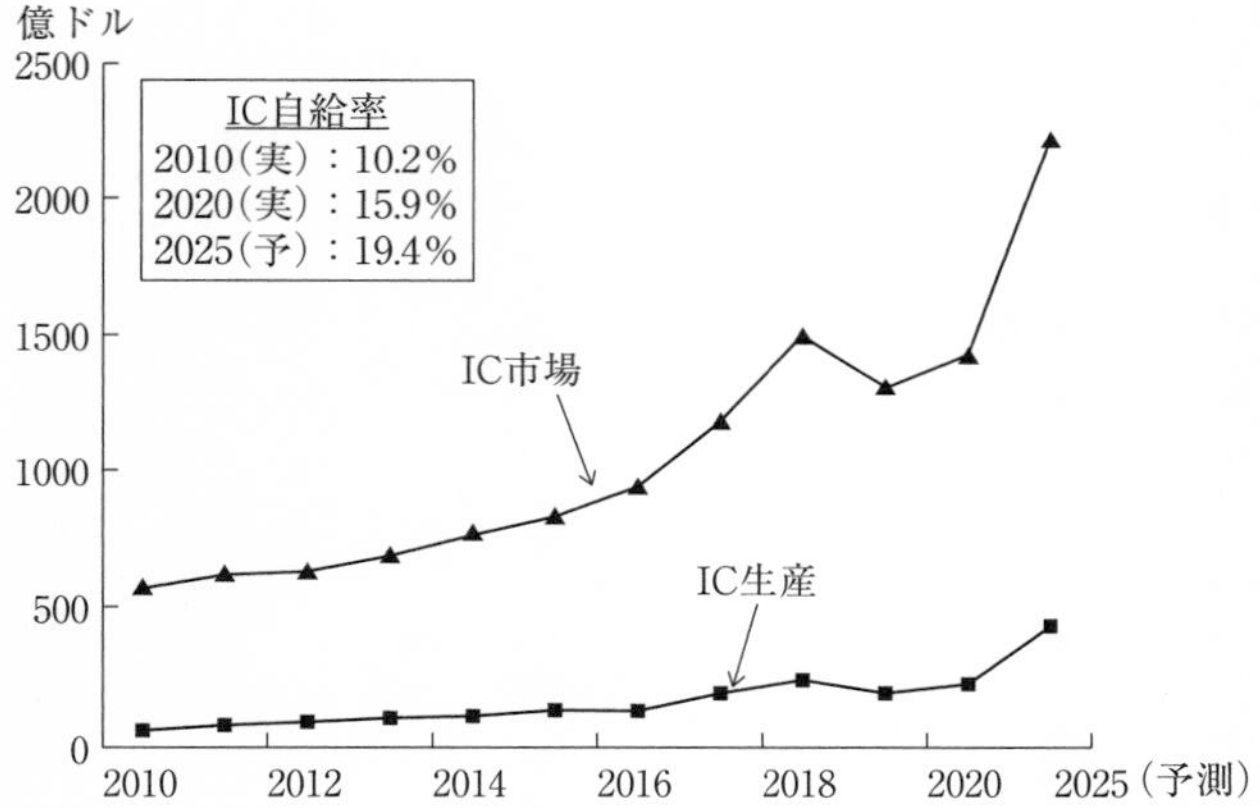

図１－４　中国におけるIC市場とIC生産
出典：ICInsights

計画の抜本的見直しを要求したが、中国は応じない姿勢を示している。

政府は巨額な資金を投入して半導体の国内生産を増強し、自給率を上げようとしている。二〇二〇年の自給率の目標は四〇％であったが実績は一六％で達成できなかった。二〇二五年には七〇％とかなり高い目標が設定されており、今後の推移が注目される。

図１－４はＩＣ（集積回路）の中国における市場規模と生産額の推移を示している（ＩＣは半導体全体の約八割を占める）。市場規模の世界シェアは二〇一五年に三〇％、二〇二〇年に四〇％と大きく伸びている。しかしその一方で生産額の世界シェアは二〇一五年に四・八％、二〇二〇年に六・四％となっており、市場規模との開きはかなり大きい。この

図1-5　半導体工場を訪問して檄を飛ばす習近平国家主席

ギャップを埋めるために半導体を輸入しており、貿易赤字の原因となっている。なお自給率の実績は二〇一五年に一六%、二〇二〇年に一六%と横ばいになっており、政府が掲げた二〇二〇年に四〇%という目標を大幅に下回っている。さらに二〇二五年の自給率予測は一九%となっており、政府が掲げた七〇%という目標からはほど遠い。

このような状況を踏まえ、習近平国家主席は自ら半導体の生産拠点を訪問し、従業員に直接エールを送っている（図1-5）。二〇一九年には武漢市にある半導体工場に出向き、次のようなスピーチを行ったことが報道された（『日本経済新聞』二〇一九年一月五日）。

「半導体はヒトでいえば心臓だ。技術上の重大なブレークスルーを実現し、半導体のトップに向けてよじ登れ。中華民族の偉大な復興に貢献せよ」。国家のトップから直接このような励ましを得た半導体関係者は、大いに奮起したことであろう。

中国の半導体は製造面で世界から大きく出遅れているが、設計面では、前述のように世界トップレベルの会社が出てきている。

5Gスマホは最も先端的な半導体を使う機器の一つであるが、ファーウェイは世界のトップグループに割って入るかたちで5Gスマホの販売を始めた。これは、ファーウェイ傘下のハイシリコンがスマホの中心となるアプリケーション・プロセッサを設計し、台湾のTSMCに依頼することで可能になったものだ。

中国の優れた設計会社と台湾の優れたファウンドリが手を組めば、世界トップレベルの半導体製品ができる。ファーウェイの5Gスマホはそのことを世界に知らしめた。5Gスマホ生産におけるファーウェイの躍進は米国にとって大きな脅威となり、制裁の対象となった。

米中半導体戦争

トランプ政権の発足以来、中国のハイテク企業に対する制裁が目立ってきている。まず槍玉に挙がったのは大手の通信機器メーカーのZTE（中興通訊）である。ZTEは一九八五年に深圳市に設立され、通信設備やスマホなどの事業を展開している。二〇一八年四月、ZTEはイランや北朝鮮との違法取引を理由に、米政府から米国企業との取引を禁じる制裁を受け、アメリカからスマホや通信設備に使う半導体を調達できなくなり、さらには一〇億ドルの罰金が課された。その後、和解交渉が続けられ、罰金が支払われたことで同年七月に制裁は解除され、ZTEは業務を全面再開したが、この制裁によりスマホなどの消費者向けは四五％、通信事業者向けは一一％の減収となり多大な損害が発生した。二〇一八年一二月期の決算は売上が対前年二一％減の八五五億元（約一兆三〇〇〇億円）、最終損益は六九億元（約一一〇〇億円）の赤字で、二〇一七年一二月期の四五億元の黒字から一転して大幅な赤字に転落した。

次の制裁対象は半導体メーカーのJHICC（福建省晋華集成電路）である。二〇一八年一〇月二九日、米商務省はJHICCに対する米国企業の輸出を制限すると発表した。表向きの理由は「同社の新型メモリーチップによって、米国の企業が脅かされる重大なリスクがある」というものであった。これはJHICC・UMC事件ともいわれており、さらに米国メモリ企業のマイクロンも絡む複雑な事案である。UMCは台湾の半導体メーカー（ファウンドリ）で、JHICCがメモリ生産を立ち上げる際に技術指導を行っていた。一方、マイクロンはUMCが自社の技術者を引き抜き、技術情報を不正に持ち出したとして二〇一七年二月に提訴を起こしていた。米国商務省はこれにより、米国の技術が不正にJHICCで使われているとして同社に対する制裁を行ったのである。

この制裁により、JHICCは米国製の半導体製造装置を入手することができなくなった。米国の半導体製造装置は非常に高い水準を持っているので、米国製の装置を入手できなければ生産ラインを構築することはできない。JHICCは国内メーカーのみならず日本、欧州など米国以外の装置メーカーと協議し、対応策を検討したが、やはり米国企業抜きでは不可能であり、計画は頓挫したままとなっている。

そして米国が最も警戒感を抱き、標的にしているのが世界トップレベルの通信技術を持つファーウェイである。ファーウェイは一九八七年、任正非（CEO）を中心として深圳市に設立され、通信機器、通信基地局、スマホなどの事業を行っており、二〇二〇年の売上高は約一五兆円である。5Gの技術で先行し、二〇一九年にはスマホの生産でアップルを抜き、サムスンに次ぐ二位に躍り出たが、その翌年にはアメリカの制裁によって業績が大幅に落ち込んだ（出典：福田直之『内側から見た「AI大国」中国』朝日新書、二〇二一年）。

ではファーウェイに対する米国の制裁を時系列で見てみよう。二〇一八年八月に成立した二〇一九年会計年度の国防授権法により、米国はファーウェイを含む中国製の通信機器の政府調達を禁止した。そして同年一二月、CEOである任正非の娘で副会長を務める孟晩舟がカナダのバンクーバーで逮捕される。米国は孟が対イラン経済制裁に違反して金融機関を不正操作したとして、カナダ当局に逮捕を依頼した。

二〇一九年五月、米国はファーウェイと子会社のハイシリコンをエンティティリスト

（制裁対象リスト）に掲載し、ファーウェイやハイシリコンが設計し、米国製の装置で製造した半導体の輸出を制限した。ハイシリコンが製造を委託していたTSMCでは米国の装置を多数導入しており、これを使わないわけにはいかない。これによりハイシリコンが設計した半導体の製造を台湾のTSMCに委託することができなくなり、ファーウェイはたちまち窮地に陥った。

ファーウェイが5Gスマホ向けの高性能半導体（麒麟）を開発したのは二〇一八年一〇月である。このチップの設計を担当したハイシリコンは世界トップレベルの半導体設計技術を有するが、これを中国の国内では作ることはできないためTSMCに委託していた。このような形でファーウェイは5Gスマホの分野で先行し、先ほども述べたように二〇一九年にはサムスンに次ぐ地位を固めたが、この制裁によってTSMCとのルートが遮断され、先端半導体を作る術を失った。これが一連のファーウェイ叩きにおける最大の制裁である。

では中国国内のファウンドリはどのような状況なのか。SMICは中国で最大のファウンドリであるが世界第五位で、シェアは五％程度である。技術的にはTSMCより数世代遅れており、追いつくためには米国製を含む最新鋭の設備を導入しなければならない。しかしこれに追い打ちをかけるように、二〇二〇年一二月にはSMICもエンティティリストに記載され、高性能半導体（線幅一〇ナノメートル以下）を作る製造装置を米国から購入することができなくなった。まさに万事休すの状態である。

窮鼠の状態の中国半導体

このように、ファーウェイをはじめとして中国の先端半導体は文字通り八方塞がりの状態に陥っている。

では、中国はどこに突破口を見出せばよいのか。国内ですべての製造装置を作れば先端半導体の製造が可能となるが、そこには大きな障壁がある。オランダのASMLしか作れない微細加工用のEUV（極端紫外線）露光装置だけは輸入する必要があるが、これもアメリカ・オランダ両政府の協議により中国への輸出が禁止されている。

アメリカ政府にとっては、中国の脅威を抑えるためには、先端半導体への道を閉ざしておくことが最優先となる。最先端の兵器を含め、半導体はあらゆる産業の基盤となっているからだ。前述の習近平主席のスピーチでもわかるように、中国政府は自国の発展のために先端半導体が不可欠であることを強く認識しており、米中半導体戦争は長期化の様相を呈している。米国のトップも、中国のトップも「一国の盛衰は半導体にあり」ということを現実の問題として捉えていることを忘れてはならない。

中国はまさに「窮鼠猫を嚙む」という状態の寸前であるが、我々はこれからの中国政府の動きを注視していく必要がある。今後の展開によっては、これは日本を含む世界中の半導体産業に重大な影響を及ぼすことになるだろう。

これらのことについて、ハーバード・ビジネス・スクールのウィリー・シー教授は次のようにコメントしている。「人々が恐れているが口に出さないのは、中国が半導体の優位性を確保する最も簡単な方法は、台湾の支配権を獲得することだ」（『日本経済新聞』二〇二一年二月二一日）。

中国にとって「台湾の支配権獲得」は最後の手段であるが、もし現実となれば米中半導体戦争はさらに熾烈を極めるであろう。半導体のサプライチェーンの問題はもはや、政治的な問題と切り離して考えることはできない。

2 半導体材料をめぐる日韓摩擦

†半導体材料の対韓輸出厳格化

二〇一九年七月一日、日本政府は突然、韓国に対する輸出管理の厳格化を発表した。対象となったのは半導体製造に使うフッ化水素とEUV（極端紫外線）レジスト、および有機ELパネルの製造に使うフッ化ポリイミドの三点であるが、中でもフッ化水素の輸出規制は韓国にとって非常に厳しいものとして受け止められていた。

それまで韓国に対する輸出では包括輸出許可（経済産業大臣が一括して許可する方式）という方式が取られており、申請さえすれば機械的に認可されていたが、個別輸出許可（一契約ごとに輸出を審査・許可する方式）に切り替わると認可に九〇日ぐらいかかる。そのため韓国政府はもとより、直撃された半導体メーカーのサムスン、SKハイニックスは大混乱に陥った。これらの材料の在庫がなくなれば半導体や有機ELパネルが作れなくなり、その影響はテレビやパソコン、スマホなどの製造にまで及ぶ恐れがある。これにより韓国が受けた衝撃は、日本人としての我々が想像するよりはるかに大きかった。

半導体の製造に使われる材料分野において、日本企業のシェアは圧倒的な強さを持っており、業界では「日本からの材料供給が止まれば世界の半導体生産はストップする」と言われるほどである。今回対象となったレジスト材料のメーカーはJSR、東京応化工業、信越化学工業などが九〇％のシェアを持ち、フッ化水素の高純度品では森田化学とステラケミファが八〇％強のシェアを持つ。

中でも高純度フッ化水素の製造には高い技術を要し、代替品を見つけることは非常に難しい。韓国では当然、国をあげての大騒ぎとなった。半導体の生産ができなければ国の経済が大きな打撃を受けるからだ。韓国の半導体の売上高の世界シェアは一八％（約九兆円）である。またGDPに占める半導体の売上高は、日本では約一％であるが、韓国では約五％であり重みがまったく違う。さらに、韓国における半導体の輸出は全体の二〇％を占め、国の屋台骨を支えている。

文在寅大統領は「日本の奇襲的なやり方に屈しない」というスタンスを前面に出し、先頭に立って対策を進めた。まずは国産化を推進するため、三年間で約五五〇〇億円を投じる計画を発表した。

†半導体摩擦から不買運動へ

実はこの当時、第二次世界大戦中の徴用工問題をめぐり、日韓関係はこじれていた。日本統治下にあった朝鮮半島で応募または強制というかたちで日本企業に勤務した人たちが、劣悪な労働条件で奴隷のような扱いを受けたと主張していた。名指しされた企業は新日本製鉄（現日本製鉄）、三菱重工業、不二越、石川島播磨重工業（現IHI）など七〇社を超える。二〇一八年一〇月三〇日、韓国の最高裁に当たる大法院は日本製鉄に対し、韓国人四人へ一人あたり一億ウォン（約一〇〇〇万円）の損害賠償を命じた。

日本政府は以前から、この問題は一九六五年の日韓請求権協定で解決済みであるという認識を示しており、韓国政府もこれまではそれに同意していた。よって今回の韓国大法院の判決は、国際合意に反するものであった。

安倍晋三首相は大法院の判決を受けて「本件は一九六五年（昭和四〇年）の日韓請求権協定で完全かつ最終的に解決している。今般の判決は国際法に照らしてあり得ない判断だ。日本政府としては毅然と対応する」と日本政府の立場を強調した。一方の文在寅大統領は「この判決は三権分立の司法判断であり、尊重しなければならない」と述べ、解決の糸口を示さなかった。

日本政府は「輸出管理の件と徴用工問題は無関係」としているが、韓国側は「これは徴用工問題へのあからさまな報復であり、日本の奇襲だ」と反論し、日本製品の不買運動にまで発展した。たとえば不買運動の対象となった日本のビールは二〇一八年と比べて売上が一割程度まで落ち込み、日本車の販売台数も半減したという。

†その後の状況と日韓関係の行方

輸出管理の厳格化から二年が経過した二〇二一年六月下旬、韓国では最も調達が厳しいと思われたフッ化水素について、代替品による調達が可能になったという。主として国産品が使われるようになり、輸入の割合は一〜二割程度となった。よって半導体メーカーも生産ペースを落とすことなく、この問題を克服することができたように見受けられる。サムスンやSKハイニックスなど大手の韓国半導体メーカーからの出荷が滞ったという報道もなく、これまでのところ市場での混乱も起きていない。

一方で、これにより日本のフッ化水素メーカーは大きなダメージを受けたであろう。もちろん韓国以外にも販路はあるが、韓国は需要量が大きいので、ビッグマーケットを失ったことによる損害は計り知れず、それを取り戻すことは容易ではない。結局のところこれは痛み分けとなり、両国ともにネガティブな影響を被った。

日韓半導体摩擦は日本の新聞、テレビなどのメディアでも多く取り上げられ、これをきっかけとして多くの人が半導体に関心を持つようになったのではなかろうか。「半導体を作る薬剤がストップする」というだけで国の大統領が先頭に立ち、莫大な国費を投じて対策に当たる。これにより、半導体の特殊性とその重要性が人々の間でより広く認識される契機になったと思われる。

3 突然の半導体不足

†半導体不足が自動車産業を直撃

半導体不足が世界的な問題として顕在化したのは二〇二〇年の秋頃からで、業界関係者の間ではすでに半導体の取り合いが始まっていたが、一般の人がこれを知るに至ったのはおそらく二〇二一年一月以降であろう。

一月二五日付の『日本経済新聞』の一面トップ記事のタイトルは「半導体増産を台湾に要請／日米独、不足解消求め」となっていた。この記事は半導体の不足が大きな社会問題になっていることを一般の人々に印象付けたのだ。特に問題となっていたのは自動車用半導体の不足であり、日米独をはじめとする各国政府は自動車産業のダメージを最小限にとどめるため、台湾に高官を派遣し、台湾政府ならびにTSMCなど半導体企業に不足を解消するための要請を行った。

台湾は世界の半導体生産の多くを担っており、世界最大のファウンドリであるTSMC、第三位のUMCを合わせたシェアは六〇%を超える。各国政府からの要請を受け、TSMCは「自動車向け半導体の不足を解消することが最大の優先事項だ」としているが、同社のキャパシティーはすでに限界に近付きつつあり、その解決は容易ではない。

自動車にはマイコンなど半導体チップが数多く使われており、しかもその数は年々増え続けている。その中の、一個二〇〇〇円の半導体チップが欠けただけでも、一台二〇〇万円の車を作れなくなる。つまり半導体は、一〇〇〇倍の価値があるものの生殺を握っている。自動車産業向けの半導体が不足すれば、一国の経済を揺るがすほどのインパクトにつながるのである。

二〇二一年一月の時点において自動車メーカーはすでに大きな打撃を受けていた。ドイツのフォルクスワーゲンは米国・中国・欧州の工場で減産となり、米国のフォード・モーターは国内の一部工場を一時停止した。日本勢ではトヨタが米国で一部減産となり、ホンダと日産は小型車が減産となった。

†自動車産業を襲ったさらなる不運

二〇二〇年秋に始まった半導体不足の影響は自動車だけにとどまらず、パソコンやテレビなど家電製品向け、ゲーム機向け、スマホ向けなど広範囲に及んでいるが、自動車分野についてはさらに事態を悪化させるようなことが起こり、極めて厳しい状況に陥った。

自動車用半導体の主な供給メーカーはドイツのインフィニオン、オランダのNXPセミコンダクター、日本のルネサスの三社である。これらの企業は自動車向けのチップを自社内で設計するが、生産については一部を自社内で行い、残りはTSMCなどファウンドリ企業に委託する。ファウンドリ企業の生産が逼迫していることは先にも述べたが、それに加えて自社で生産する分についても思わぬ事故が発生した。

インフィニオンとNXPセミコンダクターはアメリカ・テキサス州に自社の生産工場を持っているが、二〇二一年二月にこの地を強烈な寒波が襲った。これにより二月一六日に大規模な停電が発生し、両社は生産ラインの停止を余儀なくされ、自動車用半導体の出荷がストップしてしまったのである。

そして不運はさらに続き、三月一九日には自動車用半導体を作るルネサスの那珂《なか》工場（茨城県）において火災が発生し、操業停止となった。火災は半導体を作るクリーンルーム内で起こったため、その復旧には数カ月を要し、自動車用半導体の不足をさらに悪化させることになった。

†一九九〇年以降のシリコン・サイクルの経緯

半導体には好況・不況のサイクルがあり、突如として「もの不足」あるいは「もの余り」という事態に陥ることがあり、これはシリコン・サイクルとも呼ばれている。ここでは一九九〇年以降のシリコン・サイクルを概観する。

まず一九九五年に起きたパソコンブームから始まったサイクルだ。この年にマイクロソフトのWindows95が発売され、これによりパソコンの売れ行きは大きく伸び、マイクロプロセッサやメモリ販売も大幅増となり「もの不足」が発生した。半導体メーカーはこぞって増産のための投資を行い、需要に応えるべく対策をとった。しかしこの反動で翌九六年にはパソコンブームは去り、半導体が極端な「もの余り」となり、大不況に突入した。

そして二〇〇〇年のITブームではIT関連の投資が増え、半導体の販売も急増したが、その翌年にはITバブルが崩壊し、半導体産業は大不況に陥る。この不況を挟んで日本では業界の再編成が進んだ。

さらに二〇〇八年のリーマンショックも大きな打撃となり、その年の後半から翌年にかけて半導体の需要が激減し、「もの余り」で大不況となった。最近では二〇一八年のメモリバブルが記憶に新しい。データセンターやスマホ向けの「メモリ不足」が発生し、価格は高騰したが、一九年にはバブルが崩壊し、半導体産業はマイナス成長となった。

†今回の半導体不足は複雑骨折

これまでのシリコン・サイクルは要因が比較的に単純で、それを特定することが容易であったが、今回の半導体不足にはさまざまな要因が絡み合っており、いわば複雑骨折のような様相を呈している。

二〇二〇年に入ると新型コロナの影響で経済活動が停滞し、半導体の需要も一時的に減退したが、半ば以降は半導体需要が急速に伸長した。二〇二一年以降もその勢いは持続している。半導体需要が急増した背景として、次のようなことが指摘されている（『湯之上隆のナノフォーカス（38）』二〇二一年五月二〇日）。

①コロナ禍による世界的なリモートワークの普及。これによりパソコンなどの需要が急増した。

②コロナ禍による巣ごもり需要により、ゲーム機やテレビなどの電気製品の需要が急増した。

③リモートワークの普及やネットショッピングの増加に伴い、デジタルデータ量が急増し、クラウドサービスのためのデータセンター向け半導体需要が急増した。

④米国が中国のファーウェイに制裁を加えたが、同社はその直前に半導体を大量に購入し、いわゆる駆け込み需要が発生した。

⑤スマホ市場においては米国制裁を受けたファーウェイが失速。その穴を狙って他のスマホメーカー（アップル、サムスン、Ｖｉｖｏ、シャオミなど）がこぞって増産に走った。

⑥米国が中国のＳＭＩＣに制裁を加えたため、それまでのＳＭＩＣの顧客がＴＳＭＣや

UMCなどに委託先を変更し、これらのキャパシティーが逼迫した。

⑦自動車の需要は二〇二〇年の前半にはコロナ禍で落ち込んだが、九月以降には中国、米国などで急速に回復した。ところが前半に需要が落ち込んだ時、これまで自動車向けに割り当てられていたキャパシティーが他の用途へ振り向けられてしまった。自動車業界は部品などの調達において「ジャスト・イン・タイム」方式をとっているのが普通である。すなわち「必要な分を必要な時に」納入する方式であり、余分な在庫を持たない。ところがこの方式が、今回の事態においては裏目に出た。半導体は材料をインプットしてから完成品になるまで数カ月を要するため「急に必要になったから、すぐに持ってこい」ということができないのである。

これを見ても、今回の半導体不足には世界的なパンデミックを発端とするライフスタイルの変化や米国の対中制裁、さらには自動車業界における「ジャスト・イン・タイム」方式など、実にさまざまな要因が絡み合っていることがわかる。

†台湾依存からの脱却

今回の突然の半導体不足により、各国において半導体の重要性が改めて認識され、それと同時に台湾への過度な依存という問題点も浮き彫りになった。この問題を重く見た米国は前述のように、国内での半導体生産の強化に乗り出した。

バイデン政権は半導体強化のため、巨額の財政投資（約五兆七〇〇〇億円）を行う方針を表明している。これに呼応するかたちでインテルは、アリゾナ州に総工費二〇〇億ドル（約二兆二〇〇〇億円）規模の工場を建設すると発表した。能力の半分は自社製品の生産に向けるが、残りはファウンドリ事業として活用するという。

また、米国は台湾など海外の半導体メーカーを誘致することにも熱心である。台湾のTSMCはアリゾナ州に一二〇億ドル（約一兆三〇〇〇億円）を投じて半導体工場を建設する計画を発表しているが、さらに数百億ドル規模の追加投資を検討していると伝えられている。韓国のサムスンは米国で総工費一七〇億ドル（約一兆九〇〇〇億円）規模の工場建設を予定しており、アリゾナ州やテキサス州が候補地になっているとメディアは伝えている。

わが国においてもTSMCの生産ラインを国内に誘致する動きが報道されており、今後、サプライチェーンの見直しに向けた各国の動きは一層加速化するであろう。

4　世界半導体産業の概況

†半導体関連産業

半導体の分野にはさまざま関連産業があるが、一般に「半導体産業」といえば「半導体デバイス産業」のことを指し、これはマイクロプロセッサやメモリ、ロジック製品などを作る産業である。デバイス産業を中心として上流にはそれを作るための半導体材料産業や半導体製造装置産業があり、これは川上産業と呼ばれる。一方、デバイス産業の下流にはデバイスを使う産業としての電子機器産業があり、これは川下産業と呼ばれる。

図1-6は半導体関連の各産業の市場規模を示している（市場規模は年ごとにかなり変動するので要注意）。川の中心に位置するデバイス産業の規模は約五〇兆円である。川上に位置する半導体材料産業の規模は約六兆円で、デバイス産業の約八分の一、同じく川上に位置する半導体製造装置産業の規模は約八兆円で、デバイス産業の約六分の一である。一方、川下側の電子機器産業の規模は約二五〇兆円で、デバイス産業の約五倍となっている。

半導体産業における日本の強みは川上産業にある。日韓摩擦のところで述べたように、半導体の材料については世界的に高いシェアを持つものが多い。また半導体製造装置も全体で三〇％強と高いシェアを持ち、世界の上位一〇社には四社が顔を連ねている。

一方、デバイス産業は一九八〇年代末には世界で五〇％のシェアを占めていたが、今日では一〇％以下まで落ち込んでおり、米国や韓国の後塵を拝している。また、川下の電子機器産業は八〇年代まで、テレビやＶＴＲなどといった家電品を中心にして高いシェアを誇っていたが、デジタルの時代に入った現在はもはや見る影もない。

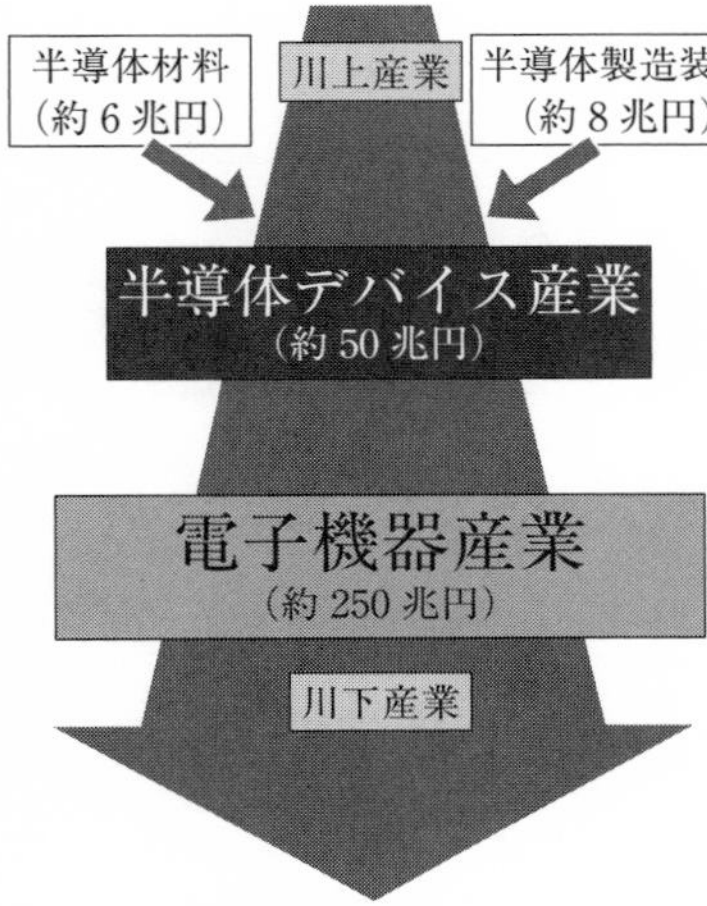

図１－６　半導体関連産業の市場規模
出典：JEITA（2020年）、SEMI（2021年）

デバイス産業と電子機器産業が連動して弱体化していることが、日本の半導体における最大の問題点である。これらの分野をいかにして強化していくか。今まさに国家的なレベルでの対策が必要となっている。

†川上産業の状況

前述のように、世界的に見て半導体の

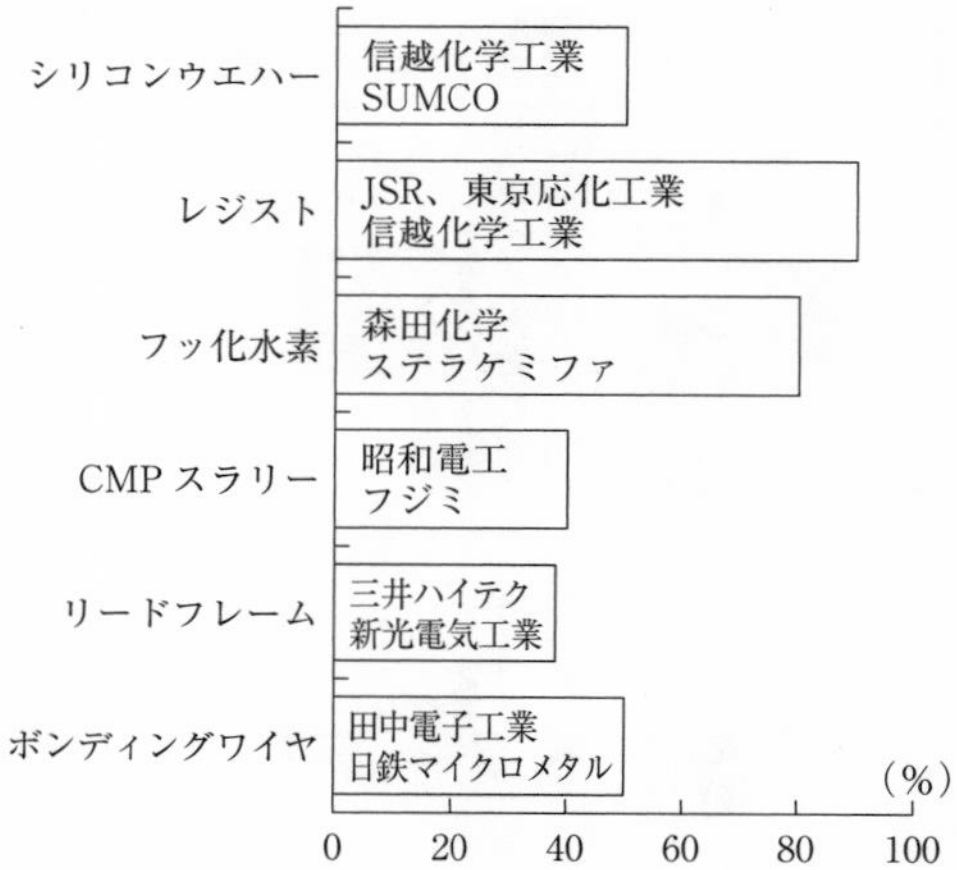

図1-7　半導体用材料の日本のシェア
出典：日経新聞（2021年6月）など

材料分野における日本の存在感は極めて強い。図1-7は半導体の主な材料の日本のシェアを示している。

シリコンウエハーは直径三〇cmほどの円盤状のシリコン材料である。これは半導体チップを作り込むための基板であり、製造工程の最初にインプットされる。日本メーカーのシェアは約五〇％である。レジスト材料（シェア九〇％）とフッ化水素（シェア八〇％）は日韓摩擦において輸出管理厳格化の対象となったものであり、突出したシェアを持つ。また、リードフレームとボンディングワイヤはチップをパッケージに組み立てる工程（後工程）で使われ、日本のシェアは四〇％以上となっている。

SEMI（国際半導体製造装置材料協会）は二〇二一年四月、半導体製造装置市場についての最新の統計を発表した。二〇一九年の市場規模は五九八億ドル（約六兆六〇〇〇億円）であったが、二〇二〇年には一九％成長して七一二億ドルとなり、史上最高を記録した。中でも中国市場は三九％増と急成長し、世界最大の市場となった。国別・地域別の市場シェアは中国二六％、台湾二四％、韓国二三％、日本一一％、米国九％、欧州他七％である。

この数値は各国・各地域の半導体生産能力の推移を見る上でひとつの指標となる。これを見るとアジアの国が上位四位までを占め、合計すると八四％にのぼり、今やアジアが半導体製造の中心地となっていることがわかる。一方で米国は半導体デバイスで五〇％強のシェアを有していながら、製造装置市場のシェアは九％に留まり、大きなアンバランスが生じている。米国はこの点を問題視しており、バイデン政権は大規模な補助金を準備して製造工場の誘致に乗り出している。

図1-8は二〇一九年における半導体製造装置メーカーの上位一〇社を示している。一〇社の国別内訳は米国と日本が各四社、欧州が二社である。

トップのアプライドマテリアルは一九六七年に設立された世界最強の半導体製造装置メーカーで、ウエハー工程（前工程）のほとんどすべてをカバーする装置のほかに液晶パネル向けの製造装置も扱っており、全体の売上は一七二億ドル（約一兆九〇〇〇億円）にのぼる。二位のASMLはオランダに拠点を置く半導体露光装置メーカーで、世界の半導体企

順位	製造装置メーカー	売上（億 $）
1	アプライドマテリアル（米）	135
2	ASML（EU）	128
3	**東京エレクトロン（日）**	**96**
4	LAM リサーチ（米）	95
5	KLA テンコール（米）	47
6	**アドバンテスト（日）**	**25**
7	**スクリーン（日）**	**22**
8	テラダイン（米）	15
9	**日立ハイテク（日）**	**15**
10	ASM Int.（EU）	13

出典：VLSI Research（2020 年 3 月）

図 1－8　半導体製造装置メーカーの上位 10 社（2019 年）

業の八〇％以上が同社の装置を使っている。特に最先端の微細加工（七ナノメートル以下）に使うＥＵＶ（極端紫外線）の装置を供給できるのは同社のみであり、一台の価格は約二〇〇億円といわれている。現在この装置を使って半導体チップを量産しているのはＴＳＭＣ、サムスン、インテルの三社である。

三位の東京エレクトロンは一九六一年に設立された日本最大の半導体製造装置メーカーで、露光プロセスで使われるコーター・デベロッパーでは世界最大のシェアを持ち、エッチング装置、熱処理成膜装置も作っている。また、液晶フラットパネル製造装置も手掛けている。

四位以下にランクしているＬＡＭリサーチ、ＫＬＡテンコール、スクリーン、日立ハイテク、ＡＳＭインターナショナルはいずれも前工程製造装置のメーカーであり、アドバンテストとテラダインは半導体テスター（試験機）のメーカーである。

†半導体デバイス産業の状況

半導体デバイスの中で最大の規模を持つのは集積回路（IC、チップとも呼ばれる）であり、全体の八二％を占める（二〇二〇年）。このほかに単体（トランジスタ、ダイオードなど）が六％、オプトデバイス（イメージセンサ、LEDなど）が九％、センサが三％を占める。

国別・地域別のシェアを見ると米国が五一％、それに続く韓国が一八％、日本と欧州は同率の一〇％、台湾が六％、中国が五％となっている（『日本経済新聞』二〇二〇年一二月二三日）。米国はパソコン向けのマイクロプロセッサやスマホ向けのアプリケーション・プロセッサなどに特に強く、韓国はDRAM、フラッシュメモリの分野でトップを走る。

半導体デバイス産業には垂直統合型、水平分業型という二つのタイプがあり、前者はIDM（Integrated Device Manufacturer）、後者はファブレスと呼ばれる。図1-9はこの二つのタイプの構造を示している。

IDMは半導体の設計および製造をすべて自社内で行う方式で、代表的な事例は米国のインテル、韓国のサムスン、日本のキオクシア（元東芝メモリ）などである。ファブレスは自社においては設計のみを行い、製造は他社に委託する方式で、代表的な事例は米国のクアルコム、台湾のメディアテック、中国のハイシリコンなどである。

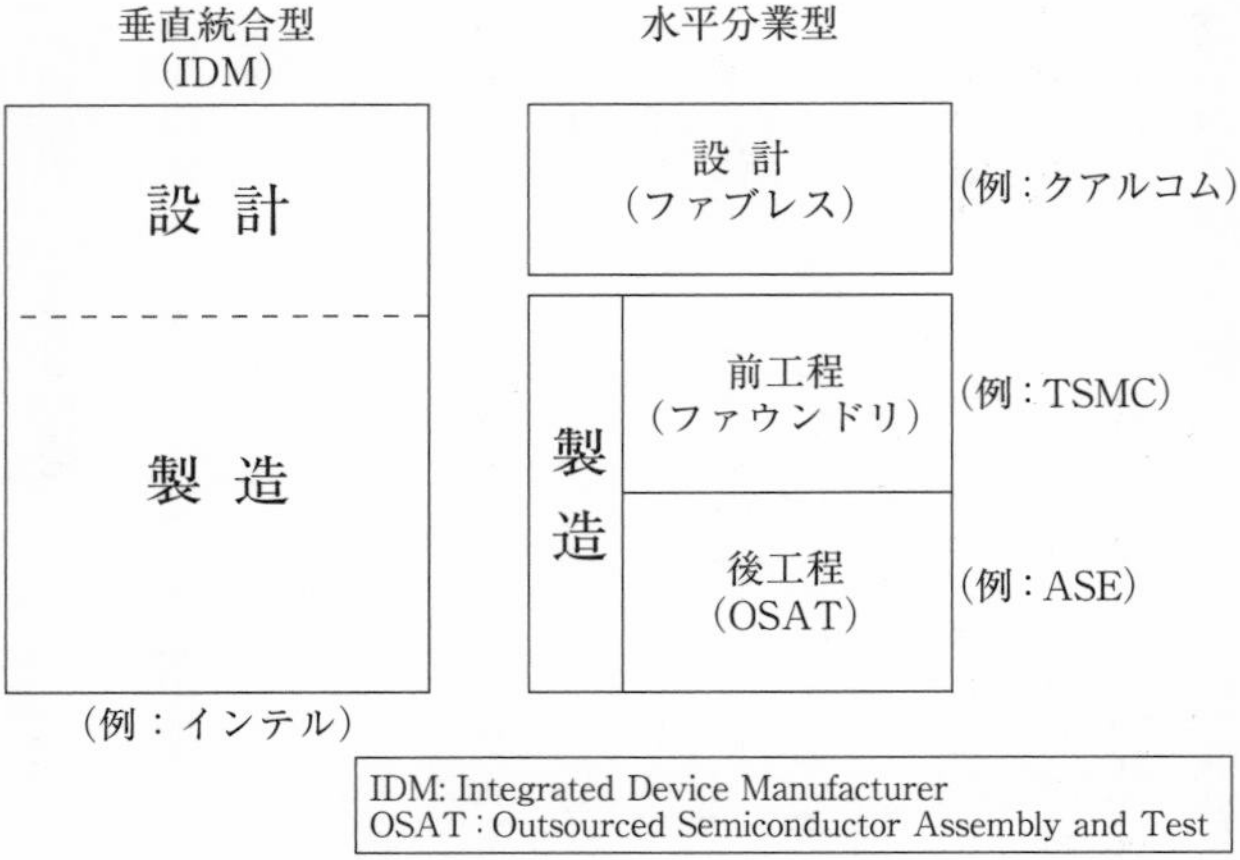

図1-9 半導体デバイス産業のタイプ

一方で製造を受託する側では、前工程はファウンドリ、後工程はOSAT（Outsourced Semiconductor Assembly and Test）と呼ばれる。ファウンドリの事例は台湾のTSMCやUMC、米国のグローバルファウンドリーズなどで、OSATの事例は台湾に本社を置くASEグループ、米国のアムコア、中国のJCETなどである。このように一口にデバイス産業と言っても、単純に論じることは難しく、複雑な切り口を持っている。

半導体デバイスの分野においては有為転変が激しい。図1-10は三〇年前の一九九〇年と現在（二〇二〇年）におけるこの分野の上位一〇社を比較したものである。まず、三〇年前と現在では上位一〇社の顔触れが

1990年

	社　名	売上（億$）
1	NEC（日）	43
2	東芝（日）	42
3	モトローラ（米）	35
4	日立（日）	35
5	インテル（米）	31
6	富士通（日）	26
7	TI（米）	26
8	三菱電機（日）	21
9	フィリップス（蘭）	20
10	松下電器（日）	18

2020年

	社　名	売上（億$）
1	インテル（米）	702
2	サムスン（韓）	562
3	ハイニックス（韓）	253
4	マイクロン（米）	221
5	クアルコム（米）	179
6	ブロードコム（米）	157
7	TI（米）	131
8	メディアテック（台）	110
9	キオクシア（日）	102
10	エヌビディア（米）	101

出典：Gartner 2021年1月

図1－10　半導体デバイスメーカーの上位10社

大幅に入れ替わっていることに驚かされる。一九九〇年に第五位のインテル、第七位のＴＩが二〇二〇年にはそれぞれ第一位、第七位にランクインしているのみで、残る八社はすべて姿を消した。また、三〇年前には多くの日本企業が上位一〇社に名を連ねており、ＮＥＣを筆頭にして東芝、日立、富士通など六社がランクインしていた。しかし二〇二〇年になるとほとんどが外国勢で占められ、日本企業としてはキオクシアが第九位に入っているのみである。日本政府はこの事態に大きな危機感を抱き、現在、再建策を模索している。この点については後の章（第6章）で詳しく触れることにする。

†川下産業の状況

半導体の進化に伴い、川下産業の状況は大きく変化してきた。図1-11は半導体市場の変遷を示している。半導体産業の黎明期における米国の主な市場は軍需応用であった。ロケットやミサイルなどといった兵器をなるべく遠くへ飛ばすには、真空管よりも小型の半導体の方がはるかに有利であったからだ。政府は半導体開発に多くの補助金を出すとともに大量に購入した。特に集積回路（IC）の開発には熱心であり、その進展に大きく貢献した。ケネディ大統領が提唱したアポロ計画ではICが重用され、その成功を陰で支えた。しかし一九七〇年代以降になると、半導体市場の主役は軍需からコンピュータへとシフトしていった。

一方、日本の半導体産業の黎明期においてはラジオやテレビなど家電製品が主な市場であった。一九七〇年代に入りLSI（大規模集積回路）が商用化されると、日本の先導により電卓産業が盛んとなった。一九八〇年代に入るとマイクロプロセッサとメモリの技術発展により米国でパソコンが製品化され、次第に市場を拡大していき、九〇年代に入ると、半導体市場の中心はパソコンへと移っていった。

半導体技術がさらに発展し、SoC（システム・オン・チップ）の時代に入るとコンシュー

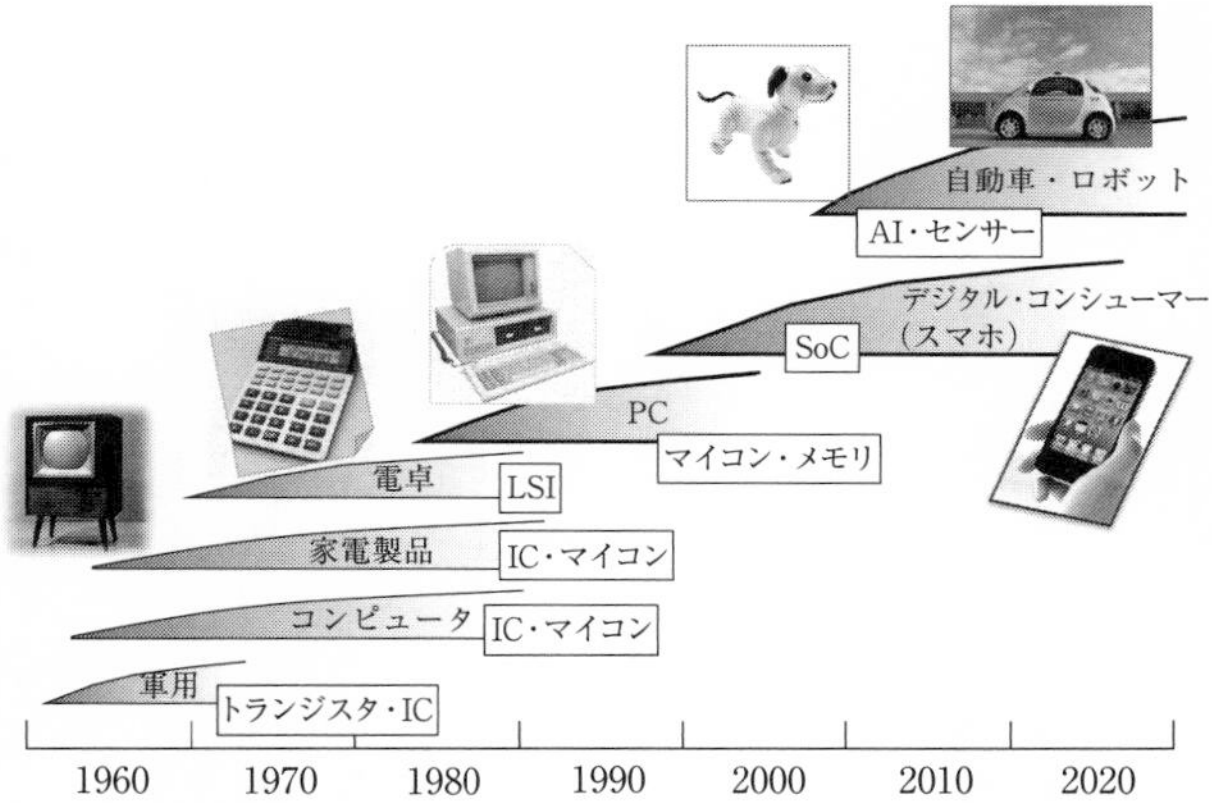

図1－11　半導体市場の変遷（□内は半導体キー・デバイス）

マー製品のデジタル化が始まり、携帯電話、デジタルカメラ、ゲーム機、携帯音楽プレイヤー、カーナビゲーションシステムなどが続々と市場に登場した。さらに二〇〇七年、アップルのスマートフォン（iPhone）の登場により市場は激変し、これらのデジタル・コンシューマー製品の機能はほぼすべてスマホに吸収されるようになった。つまりスマホの一人勝ちとなったのである。スマホが登場する前は日本のメーカーも善戦していたが、スマホ以降は存在感が希薄である。

では今後、スマホに続いてどのような半導体市場が開けるのか。筆者は自動運転車やロボットなど、広義のロボティクスの時代が来るだろうと予想している。自動運転車にはAI（人工頭脳）が搭載されており、ロボットとの技術的親和性が高い。たとえばソニーは二〇二一年一月、次世代自動車プロジェクトとして推進する「VISION-S」の試作車両を完成させ、公道走行テストを開始した。この車両は犬型ロボットaiboの開発チームによってつくられたものであり、自動運転車とロボットとの技術的親和性が高いことを示している。

二〇二一年八月にはEV（電気自動車）メーカーのテスラが人型のロボットを開発すると発表した。「テスラ・ボット」と名付けられたロボットの高さは約一七二センチ、重さは約五七キロであり、自動運転車に使うのと同じ半導体やソフトウェアが使われているという。自動運転車とロボットの間に技術的な壁はないのである。

日本としてはこの新しい市場において、確固たるポジションを得ることが極めて重要である。

†日本から消えた半導体ビッグ・ユーザー

図1-12は二〇二〇年における半導体ユーザーの上位一〇社を示している。第一位のアップルは主要事業であるスマホのほかにモバイルパソコン、タブレットパソコンなども手がける。半導体の購入額は六兆円に近く、シェアは一二%である。二位のサムスンもスマホが世界トップの生産台数を誇り、半導体の購入額は約四兆円にのぼる。三位のファーウ

ェイもスマホ事業が中心であり、半導体を二兆円以上購入しているが、「米中半導体戦争」の項で述べたように、米国の制裁によりスマホの生産は失速状態となっており、次年度以降は半導体購入額も激減することが予想される。六位のBBKエレクトロニクスはスマホを事業の中心とするOPPOとVivoを傘下に置いている。また八位のシャオミもスマホ中心の企業で、九位のホンハイはスマホや薄型テレビを生産するEMS（電子機器の製造を請け負う企業）である。四位のレノボ、五位のデルテクノロジーズ、七位のHP Inc.、一〇位のHP Enterpriseはパソコン・サーバー関連の事業を展開する企業である。

この図からもわかるように、半導体のビッグ・ユーザーはスマホあるいはパソコンを手がける企業であり、日本の企業は一社も入っていない。家電製品の製造が盛んで

2020年

順位	企業名	購入額（億＄）	シェア（%）
1	アップル（米）	536	11.9
2	サムスン（韓）	364	8.1
3	ファーウエイ（中）	191	4.2
4	レノボ（中）	186	4.1
5	デルテクノロジーズ（米）	166	3.7
6	BBKエレクトロニクス（中）	134	3.0
7	HP Inc.（米）	110	2.4
8	シャオミ（中）	88	2.0
9	ホンハイ（台）	57	1.3
10	HP Enterprise（米）	56	1.2

出典：Gartner（2021年2月）

図1－12 半導体購入額の上位10社

あった時代にはソニーやパナソニックなど日本企業が上位を占めていたが、今はすっかり影を潜めている。

日本におけるデバイス産業の不振と川下産業の不振は極めて密接に結びついている。現在の日本半導体の最大の問題点は、「国内に半導体をたくさん買ってくれる企業がない」ということであり、このままでは日本のデバイス産業が勢いを取り戻すことは難しい。

しかし半導体技術の進化に伴い、新たな市場が開けることは、これまでの歴史が何よりもよく物語っている。今後、開発がさらに進んでいくであろう自動運転車やロボット、すなわち広義のロボティクスの分野においては高度なＡＩ半導体やセンサなどがキー・デバイスとなる（図1-11参照）。日本半導体の復権のためにはロボティクス市場向け半導体の開発で先行することが大きな課題であり、その課題の解決の先に日本のロボティクス産業と半導体産業との相乗的な発展が見えてくるだろう。

第2章 半導体は現代文明のエンジン

1 「まさか」のトランプ大統領誕生

†「産業のコメ」から「文明のエンジン」へ

半導体の重要性を示す際、日本では「半導体は産業のコメである」、欧米では「半導体は産業の原油である」という比喩がしばしば用いられてきた。これらはいずれも、半導体があらゆる産業にとって不可欠であることを端的に示している。

しかし昨今、半導体の進歩により、世界的に大きな変化が起きている。新型コロナウイルスの感染拡大など、これまでに経験のない社会現象が広がるにつれて、新たなライフスタイルが確立されつつあり、半導体のインパクトが大きくなっている。半導体の進化により、現代文明そのものが日々新しいステージへと発展しているのである。半導体はいまや「産業のコメ」であるのみならず、現代文明そのものを駆動する力を持つ。よって筆者は「半導体は現代文明のエンジンである」という表現が妥当であろうと考えている。本章ではいくつかの事例を挙げ、詳しく述べてゆく。

†トランプ大統領の勝因は？

二〇一六年一一月、アメリカ大統領選挙において、ドナルド・トランプは民主党指名候補のヒラリー・クリントンを相手に三〇六人の選挙人を獲得し、勝利した。長期にわたってトランプ対ヒラリーの激しい競争が繰り広げられ、投票前の予想では「僅少差ではあるがヒラリーが勝つだろう」という見方が大半であった。しかし、蓋を開けてみればトランプのほうがヒラリーよりも七〇名も多い選挙人を獲得し、いわば圧勝となった。これには世界中が大きな衝撃を受け、開票の前後で株価や為替レートが大きく乱高下するほどであった。

ではなぜ、このような番狂わせが起こったのか。そして世界に冠たる米国のメディアはなぜ、これを予測できなかったのか。筆者はこれらの疑問の鍵を握るのが半導体であり、半導体なしではトランプ大統領の誕生はあり得なかっただろうと考えている。一般の読者には「風が吹けば桶屋が儲かる」というぐらいに遠い因果関係に思われるかもしれないが、謎解きを進めていこう。

選挙後、ヒラリーの敗因として主に次のようなことが挙げられた。

①投票日の直前、ヒラリーの私用メール問題（国務長官在任中、公務で私用メールアドレスを使用していた問題）についてのＦＢＩによる再捜査が開始され、大きなダメージとなった。
②ロシアがヒラリー陣営にサイバー攻撃を仕掛けた。
③いわゆる「隠れトランプ」が予想以上に多かった。
④「選挙人総取り方式」の選挙制度においてヒラリーはニューヨーク州、カリフォルニア州などいくつかの大票田を制したが、トランプは多くの小票田で僅少差の戦いを制した。

しかし、これらは投票前からある程度予想されていたことである。それではなぜ、メディアは勝利の行方を的確に予想できなかったのか。周知の通り、トランプは選挙戦の当初からいわゆる泡沫候補と見なされ、じきに姿を消すであろうと予想されていた。一方、トランプは従来の伝統的なメディア（ニューヨーク・タイムズ、ワシントン・ポスト、ウォールストリート・ジャーナルなど新聞各紙）と対立し、その代わりにスマートフォン（スマホ）を味方に付け、巧みに駆使するようになる。彼は扇動的な短いメッセージを思いつくたびにツイッターに投稿する。たとえば「ＴＰＰに加盟すればアメリカの雇用が減る」とツイートすれば、一〇〇〇万人以上ともいわれる彼のフォロワーはそれを再ツイートして拡散する。これにより彼のメッセージは全米各地に急速に広がり、その勢いはとどまるところを知らず、ついには共和党の予備選挙で並み居る候補を抑え、大統領候補に指名された。

米国の国土は広大であり、どんな強力なメディアといえども全国をくまなくカバーすることは難しい。トランプがSNS（スマホを使うソーシャルメディア）で有権者に直接アクセスしたことにより、新聞・テレビ・ラジオなどといった伝統的メディアはいわば中抜き状態となり、その影響力はスマホに及ばなかった。伝統的なメディアがスマホの威力を過小評価していたことは否めない。

現に選挙戦が終わってからしばらくして、筆者は偶然にもトランプ大統領がテレビで次のように発言していることを知った。「自分の大統領選の勝因はSNSだ。これは他の候補者がつぎ込んだ多額の資金よりも力を持つ。悪意ある情報などを流されても、自分にはSNSという反撃手段があった」。この発言はまさに、筆者の考えを裏付けている。

†半導体の進化でスマホが誕生

二〇〇七年、アップルが初めてのスマホ（iPhone）を発表した。スマホの前身は携帯電話（日本ではガラケーとも言われる）である。デジタル方式の携帯電話は一九九〇年代から普及が始まったが、当初の機能は通話のみであった。その後、少しずつ進化して写真撮影、メールや写真の送受信、インターネット閲覧などが可能となり、それがさらに進化したものがスマホである。

半導体が進歩したことにより携帯電話はスマホへと進化を遂げたのである。これを巧みに駆使したトランプは多くの米国民の支持を集め、大統領選挙で勝利した。これを三段論法的に表現すれば「半導体なくしてスマホなく、スマホなくしてトランプ大統領の誕生なし」ということになる。

トランプ大統領の誕生が良いことだったか、悪いことだったかについては筆者が論評する立場になく、歴史の審判を待たねばならないが、これが現代文明の一端を示していることは確かであろう。

2 CMOSが変えた世の中

†昔のスパコン、今は掌上に

半導体進化のインパクトは一、二年の単位では気付きにくいが、一〇～二〇年の単位で見るとその進歩の大きさに驚かされる。

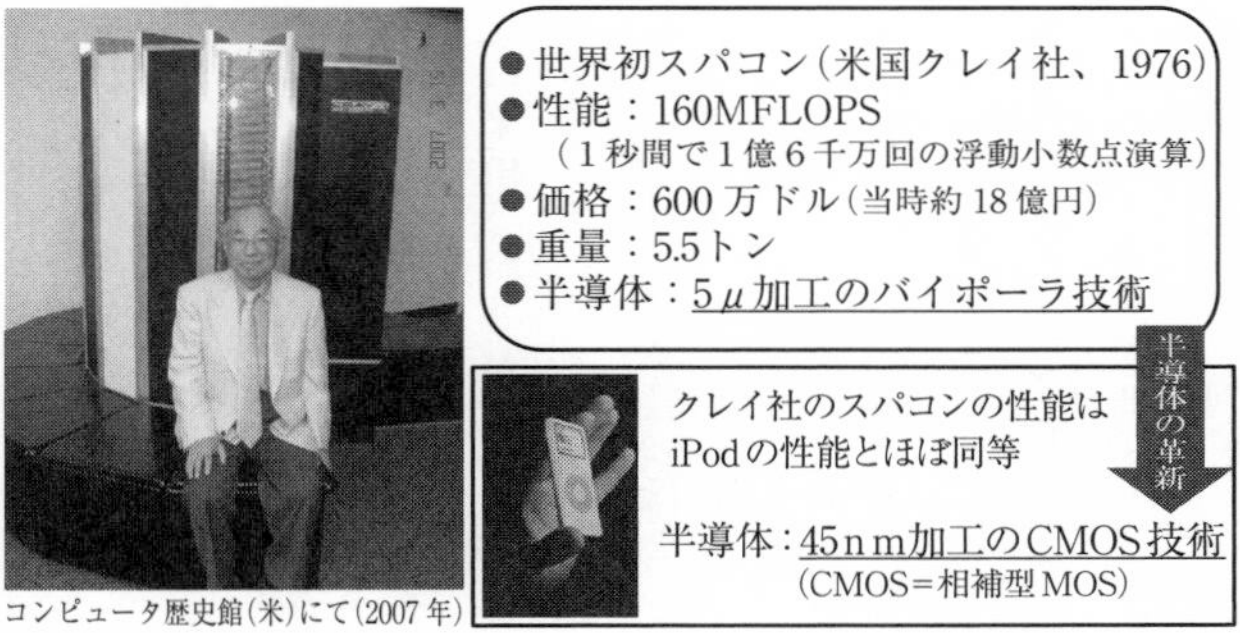
●世界初スパコン（米国クレイ社、1976）
●性能：160MFLOPS
（1秒間で1億6千万回の浮動小数点演算）
●価格：600万ドル（当時約18億円）
●重量：5.5トン
●半導体：5μ加工のバイポーラ技術
半導体の革新
クレイ社のスパコンの性能は
iPodの性能とほぼ同等
半導体：45nm加工のCMOS技術
（CMOS＝相補型MOS）
コンピュータ歴史館（米）にて（2007年）

図2-1　昔のスパコン、今は掌上に

図2-1は筆者が米国カリフォルニア州マウンテンビューにあるコンピュータ歴史博物館を訪れた時の写真で、一九七六年にクレイ社から発売されたスーパーコンピュータ（スパコン）の座席に座って撮影したものである。

世界初のスパコンの価格は六〇〇万ドル、当時のレートで計算すると約一八億円で、重量は五・五トンである。性能は一六〇MFLOPS（メガフロップス、一秒間に一〇〇万回の演算を行う能力）で、当時としては驚くべき演算能力であった。この性能は二〇〇〇年代に発表されたアップルの携帯音楽プレイヤー、iPodに相当するといわれているが、iPodの重さは一〇〇グラム程度で掌に乗るサイズである。わずか三十数年で巨大なスパコンをここまで軽量化・小型化できたのはなぜか。その最も大きな要因は半導体の革新である。

クレイ社のスパコンで使用されていた半導体チップは五μ（ミクロン）加工のバイポーラ技術で作られていたが、バイポーラ・チップはスピードの面で優れている一方で消費電力が大きいというデメリットがある。また一個のチップ上に集積できるトランジスタも限られているため、数多くのチップを使わなければならない。

iPodは四五nm（ナノメートル）加工のCMOS（シーモス）技術で作られたものだ。CMOSチップは消費電力が極めて小さく、最近のものはスピードも速いという特性を持つ。また集積度が非常に高く、SoC（システムオンチップ）を作ることも可能だ。SoCとはある装置やシステムの動作に必要な機能のすべてを一つの半導体チップに実装する方式で、これによりiPodのほとんどのシステム機能を一個のチップでこなすことができる。

以上のことからわかるように、半導体革新には次の二つの要因がある。まず一つはデバイスを加工する際、寸法を微細化することである。先の例では五μから四五nmに微細化されており、寸法が約一〇〇分の一に縮小されたことになる。

二つ目はバイポーラ（またはその他の技術）からCMOS技術への転換である（バイポーラやCMOSなどのデバイスについては第4章「半導体の驚異的な進化」を参照）。半導体産業の歴史においてはさまざまなデバイスが登場したが、現在、中心となっているのはCMOSチップである。

■IBMのメインフレームはシェア低下のため売上が急減していた

■技術陣は大胆な戦略転換でまったく新しいアーキテクチャへ移行：バイポーラからCMOSへ

■ここで CMOSへの移行を決断していなければ、メインフレーム事業は 1997 年までにはつぶれていただろう

図2-2　CMOSが救ったIBMのコンピュータ事業
出典：Louis V. Gerstner, Jr. "Who Says Elephants Can't Dance?" HarperBusiness, 2002

†IBMを救ったCMOS技術

ここでCMOS技術の威力を示すもう一つの事例を紹介する。

一九九〇年代に入るとコンピュータ業界に大きな変革が起こり、メインフレーム（大企業や官公庁などの基幹情報システムなどに用いられる大型のコンピュータ）からパソコンへの移行が始まった。当時IBMは世界最大のコンピュータ企業であったが、市況の低迷によって次第に経営が悪化し、九一年には創業以来最大となる二八億ドルの赤字に陥った。そこで経営の立て直しのため、RJRナビスコ（大手タバコメーカーRJレイノルズが食品大手ナビスコを買収して成立した巨大企業）からCE

O（最高経営責任者）として招聘されたのがルイス・ガースナーである。彼はIBM初となる外部招聘のCEOであったが経営を見事に立て直し、二〇〇二年にIBMを去る。同年、IBM時代を回想する自叙伝（*Who Says Elephants Can't Dance?*：日本語訳は『巨象も踊る』山岡洋一・高遠裕子訳、日本経済新聞社、二〇〇二年）を出版した。

図2－2の右側にはその中の一節を要約してある。当時のメインフレーム事業はシェア低下のため売上が急減したが、技術陣はバイポーラからCMOSへとアーキテクチャの大転換を行い、これが功を奏してメインフレーム事業は立ち直ることができた。つまりCMOSがIBMのコンピュータ事業を救ったのである。

†スマホはCMOSの申し子

先に述べたようにスマホは半導体、ひいてはCMOSの進化により実現した。図2－3はスマホの中身を示している。枠線で囲んでいるのが半導体チップであるが、そのほとんどがCMOSタイプのチップである。

スマホに使用されるCMOSチップには最新の半導体技術（微細加工技術）が使われており、たとえば二〇二一年時点における最先端のスマホには五nmクラスの微細加工技術が使われている。

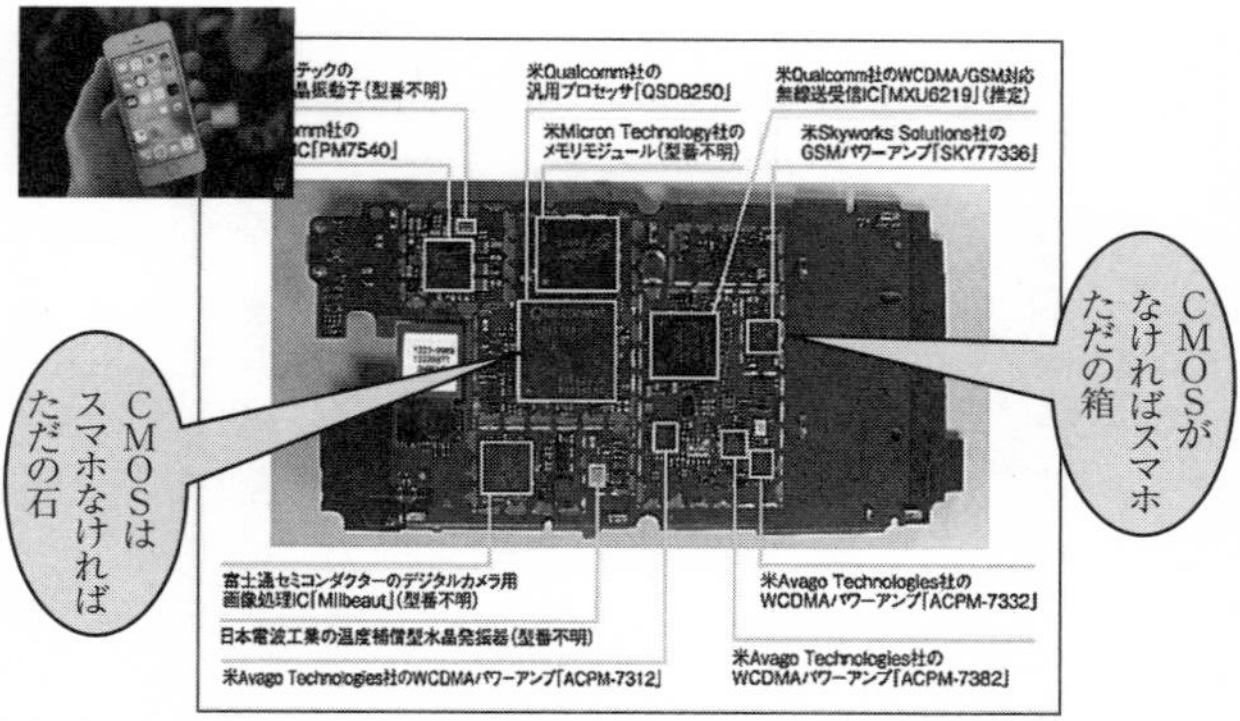

図2-3　スマホの中の半導体はほとんどCMOSチップ

スマホが一台あれば、たとえ異国で生活していたとしても不便に感じることはないだろう。メールやLINEなどのコミュニケーションアプリ、ビデオ通話アプリで時間・場所を問わず誰とでもつながることができるし、あらゆる情報をすばやく入手することもできる。まさに文字通りの万能端末である。

これらの多様な機能を搭載し、なおかつ軽量化・小型化することを可能にしているのがCMOSチップである。これを川柳風に言えば、図2-3の右側にあるように「CMOSが　なければスマホ　ただの箱」である。しかし別の角度から見れば、CMOSは中間消費財であるため単独で何かの役に立つことはできず、スマホなどに使用されて初めて本領を発揮する。よって図の左側にあるように「CMOSは　スマホなければ　ただの石」となる。

CMOSが世の中において有用なデバイスになるためには、「CMOSの持つ力」と「それを有効に活用する機能」が最適な形で結び付くことが必要である。二〇〇七年に発表されたアップルのiPhoneはまさにこの条件を満たしている。言い換えれば、アップルは当時の半導体の能力を最大限に活用することによって「電話を再発明すること」に成功したのである。

3　傍流から主流へ——CMOSの歩み

†七〇年代の業界常識

フェアチャイルドのフランク・ワンラスは一九六三年、ISSCC（国際固体素子回路会議）においてC・T・サーとの連名でCMOSチップの基本概念を発表し、特許化した。しかし商用化までにはそれから五年を要し、一九六八年にRCA社により汎用ロジックICとして市場に導入された。CMOSチップの長所は消費電力が小さいことであるが一方でスピードが遅く、初期の応用分野は標準ロジックの他、電子腕時計や液晶表示電卓など、スピードがさほど求められない分野に限られていた。

一九七〇年代、半導体分野にはCMOSを含めて四種のチップが併存して棲み分けが行われており、将来の方向について、次のようなことが業界常識となっていた。

①NMOS（エヌモス）型――スピードに優れていて集積度が高く、消費電力も（当時としては）許容できるため、将来も半導体の主流となるだろう。この当時、マイクロプロセッサやメモリなどの主流品はNMOS型が多かった。

②PMOS（ピーモス）型――電卓や初期のマイクロプロセッサなどでの実績があるが、スピードの点でNMOSに及ばず、次第にNMOS型に置き換わるだろう。

③バイポーラ型――スピードの点では最も優れているが集積度で劣り、消費電力が最も大きい。応用はスピード優先の分野に限られるだろう。

④CMOS型――消費電力は極めて小さいがスピードが遅い。スピードの改善がない限り、ニッチ市場での応用に限られるだろう。

以上のことをまとめれば、NMOSが主流でPMOSはフェードアウトし、バイポーラはスピード重視のニッチ分野、CMOSは消費電力重視のニッチ分野に限られる。つまり七〇年代当時、CMOSは半導体分野において傍流に位置しており、いかにしてスピードを上げるかが喫緊の課題であった。

†CMOSの高速化

一九七八年、日立製作所はISSCCにおいてCMOSの課題に対する解決策を発表した。従来のCMOS構造を刷新し、「二重ウエルCMOS構造」を使った新型のメモリである（出典『日本半導体歴史館』HP「日本半導体イノベーション五〇選・一九七〇年代」https://www.shmj.or.jp/innovation50/sakuin.htm)。

当時の最速デバイスはインテルが製品化したNMOSをベースにした四キロビットのメモリ（SRAM：エスラム）であり、五五ns（ナノセカンド）／七五nsのスピードを実現していた。日立が発表したデバイスはインテルの製品とまったく同じ機能を持つ四キロビットメモリをCMOSで実現したもので、インテルの製品と同じスピードを達成できることが示された。

消費電力は圧倒的に小さく動作時は約七分の一で、待機時は四桁も少なかった。日立はこのデバイスを同年に商品化し、HM6147の型番で発売した。図2-4にNMOS版とCMOS版の比較を示す。

		Intel製品	日立製品
製　品		4Kビットメモリ	同左
技　術		NMOS	CMOS
スピード		55/70 ns	55/70 ns
消費電力	動作時	110 mA	15 mA
	待機時	15 mA	0.001 mA
チップサイズ		16.2 mm²	11.5 mm²

1979年IR100賞製品
HM6147（日立）

（チップサイズ：2.7×3.95）

図2－4　NMOSメモリ対CMOSメモリの性能比較

図の右側にあるのはHM6147のチップ写真で、この製品は翌一九七九年、IR100賞を受賞した（この賞はアメリカの工業技術専門誌『R&D』が毎年、その前年に開発された最先端の技術・製品から一〇〇点を選んで表彰する賞。現在はR&D100賞）。また日立は一六キロビットSRAM（HM6116）の開発と量産化にも成功し、CMOSが主流デバイスになり得ることを示した。

†CMOSが半導体の主流へ

これらのことを契機としてマイクロプロセッサ、ロジック、DRAM（ディーラム）などでもNMOSからCMOSへの転換が進み、業界の主流は次第にCMOSへと推移していった。

図2－5は半導体の主流が次第にCMOSへと移行した状況を示している。同図にも示されているように、一九七〇年代の初め、CMOSの主な応用分野は低消費電力を必須とし、スピードがさほど求められない電子腕時計や液晶表示電卓などであった。一九七〇年代末になるとCMOSデバイスの刷新により、

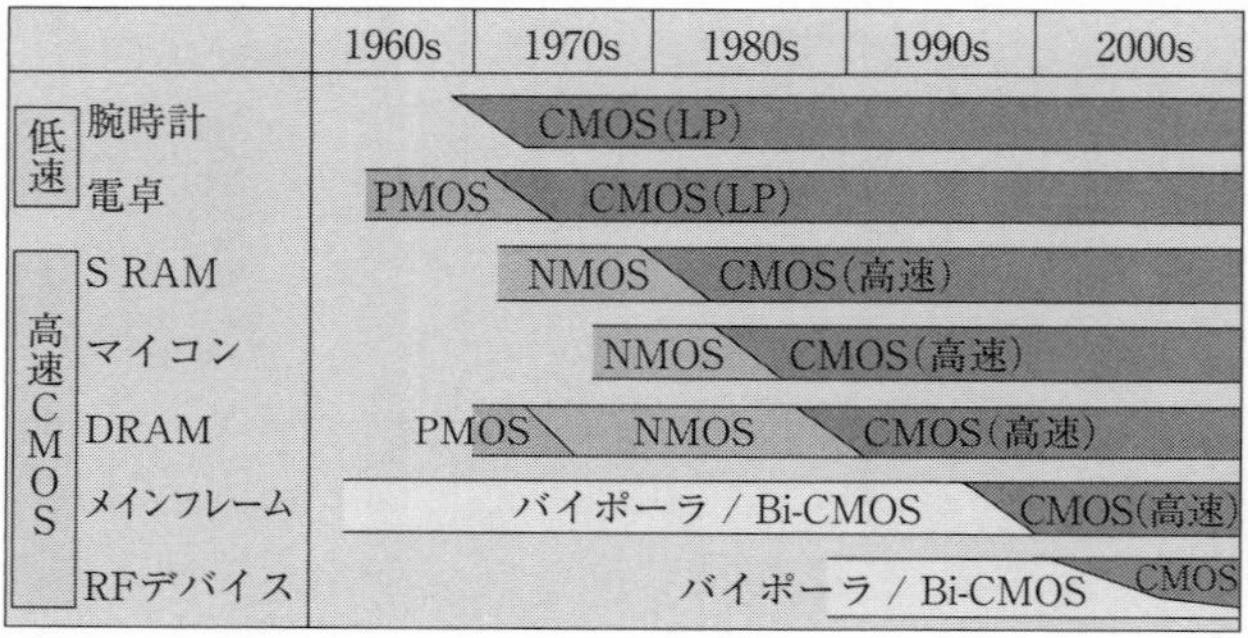

図2-5　半導体の主流はしだいにCMOSに移行

NMOSデバイスと同等のスピードを達成できることが実証され、その用途は広がりを見せた。

SRAMに次いで製品化されたのはマイクロプロセッサで、一九八一年に日立から市販された。翌一九八二年、このマイクロプロセッサを使用したハンドヘルド・コンピュータ（持ち運べる程度の小型サイズの携帯情報端末）が信州精器（現セイコーエプソン）から発売されると国内外で大きな反響を呼び、ベストセラー商品となる。これはCMOSの威力を世界に示す初めての契機となった。

一九八〇年代半ばにはそれまでNMOSでできていたDRAMもCMOS化され、CMOSは主流としての地位を次第に固めていった。

一九九〇年代になると前節のIBMの事例で述べたように、スピードが命のメインフレームなど大型システムでもCMOSへの移行が進んだ。さらに二〇〇〇年代にはＲＦデバイス（高周波デバイス）のＣＭＯＳ化も進んでいる。

今やＣＭＯＳは半導体デバイスの主流となっており、スマホからスーパーコンピュータに至るまで、今日の電子システムのほとんどの機種で使われている。予見できる限りの未来においても、この傾向は変わらないだろう。

4　半導体は現代文明のエンジン

進化するＣＭＯＳチップ

半導体の主流となってからも、ＣＭＯＳチップは日々進化を続けている。その進化の原動力となっているのが微細加工技術で、チップの中のトランジスタの寸法や配線の幅を縮小することである。図２－６は一九七〇年以降の微細加工の状況を示している。

一九七〇年頃の寸法は一〇μ程度でバクテリアの大きさの一〇倍もあったが一九九〇年頃にはバクテリアと同じ程度になり、二〇〇〇年頃にはウイルス程度の大きさ、二〇二〇年頃には分子のサイズまで微細化が進んでいる。また二〇〇〇年以降、寸法の単位がミクロン（μ）からナノメートル（nm）に移ったことに伴い、微細加工技術はナノテクノロジ

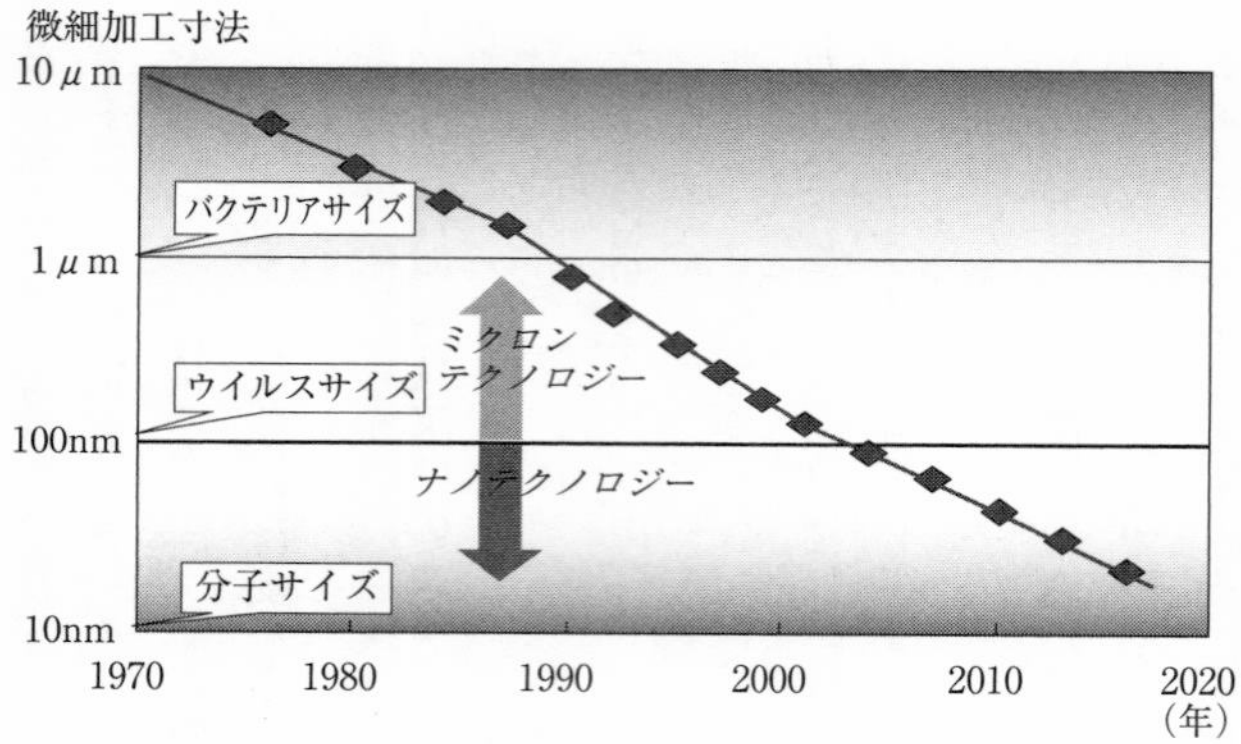

図2-6　半導体微細加工寸法の推移

ーと呼ばれている。これは物質をナノメートルの領域、つまり原子・分子のスケールで制御する技術のことを指す。

微細化によってもたらされるメリットは次の三点である。

①性能（スピード）がよくなる
②消費電力が小さくなる
③集積度が向上する。すなわち、チップ内に集積できる素子（トランジスタ）の数が増大する。

これを消費者からの視点で考えれば「小型で高性能、バッテリーが長持ちする電子機器が安く手に入る」ということになる。この傾向は今後さらに進んでいくであろう。

これまで述べてきたような半導体の技術進歩に

より、一九九〇年代には高性能かつ小型・軽量の電子機器が登場してくる。携帯電話の進化とともにデジタルカメラ、携帯ゲーム機やPDA（Personal Digital Assistant）など便利なツールが次々に登場した。このような機器が可能となった最大の要因は言うまでもなく、半導体（特にCMOS）の技術革新である。

†デジタルノマド誕生の予想

携帯電話が普及し始めた頃、筆者は次のようなことを着想した。半導体の技術革新により電子機器の小型化・高性能化がさらに進めば人々の行動の自由度がさらに高くなり、場所や時間の制約から次第に解放され、あたかも遊牧民のようなライフスタイルが少しずつ浸透していくのではないか。

一九九四年、米国で開催された国際会議で基調講演を依頼され、"Mega-Trends in the Nomadic Age"（ノマド時代におけるメガトレンド）と題する講演を行った。この講演がきっかけとなって、英国の友人で技術ジャーナリストのデビッド・マナーズ氏と本を書くことが決まり、九七年にJohn Wiley & Sonsから*Digital Nomad*というタイトルで出版した。日本語訳は『デジタル遊牧民』（工業調査会、一九九八年）で、同じ年に中国語訳も出版されている（図2-7参照）。

著者：牧本次生、デビッド・マナーズ
英文版は1997年出版
日本語版、中国語版は1998年出版

10年後にアップルからスマホ発売

2007年、iPhone発売

本の内容
●半導体の進化で10年以内にポケットサイズの万能端末が出現
●人々は移動の自由を得てライフスタイルは大きく変化するだろう
●リモートワーク、リモート講義などが広がる
●人も企業も活動範囲が地球全体に広がる

図2-7　新時代の到来を予想した "Digital Nomad"

この本では半導体やコンピュータ、通信の技術進歩により人々のライフスタイルが大きく変わることを予測し、その社会的影響についても検討を加えた。主な内容は次の通りである。

●半導体技術の進化により、今後一〇年のうちに日常的に使われる電子機器のほとんどの機能をカバーする万能端末が出現するだろう。

●人々は時間や場所の制約から解放され、行動の自由を得て遊牧民的なライフスタイルが広がるだろう。

●リモートワークやリモート講義が広がるだろう。

●人も企業も活動範囲が国内にとどまらず、

地球全体に広がるだろう。

●大都市への集中が緩和され、通勤ラッシュの解消が進み、地方は活性化するだろう。

●デジタルノマドの時代において、政府は市民や企業を自国に留めるため、魅力ある政策を工夫しなければならないだろう。

本の出版から一〇年後、二〇〇七年にアップルから世界初となるスマホ（iPhone）が発売され、これにより当時の電子機器が個々に持っていた機能のほとんどがカバーされるようになった。スマホがあれば電話はもちろんのことパソコン、カメラ、ゲーム機、音楽プレイヤー、カーナビに至るまでほぼすべてのことが一台で事足りてしまう。スマホという万能端末による人々のライフスタイルの変化からデジタルノマドが誕生し、これは今や世界的な広がりを見せている。一九九七年に出版した筆者らの本で予想したことは、おおむね的を射ていたと思われる。

†定住か遊牧か、変わる働き方

時事通信社の山本拓也氏は『金融財政ビジネス』（二〇二一年六月二一日）で、最近のデジタルノマドに関するレポートを次のようにまとめている。

ＭＢＯパートナーズの調査では二〇二〇年の米国内デジタルノマドの数を一〇九〇万人と推計し、前年調査時の七三〇万人から四九％も増えたと報告した。

コロナ禍におけるリモートワークの急増で、ニューヨークの街の様子は一変した。ニューヨーク・タイムズ紙によると、中心地のマンハッタンでは九割の社員が出社を控えたため、オフィスビルの空室率は一六・四％にのぼり、過去最高を記録したという。コロナ終息後でもリモートワークは減る見込みはなく、「もはやマンハッタンは元通りにはならないだろう」との見方が出ている。

新型コロナは観光産業にも打撃を与えたが、観光地の政府当局はリモートワーカーを新たなターゲットとし、滞在時の特別措置を設ける動きが出始めている。たとえばカリブ海のオランダ領アルバでは昨年九月から米国民を対象として、最大九〇日間滞在できるテレワーカー向けの新制度を始めた。近隣のドミニカ共和国や英領バミューダ諸島なども相次いで誘致策を導入している。

このような動きはクロアチア、エストニアなどといった欧州諸国やアラブ首長国連邦のドバイなど中東地域にも広がっている。たとえば歴史的な遺跡が残るジョージアでは月給二〇〇〇ドル以上のテレワーカーにビザなしで一八〇日以上の滞在を認めており、タイやギリシャなどでもこれに追随する動きがある。各国は観光客を誘致するのと同様に、リモートワーカーの獲得を競い始めている。

新しい世代の若者は出世や収入よりも職場環境に重点を置く傾向がある。技術の進展により、働き方の選択の自由が広がりつつある。これまで通りの定住的な環境を選ぶか、世界を広くめぐりながらのデジタルノマド方式を選ぶか。その選択をするのは個々の人間である。

†広がるデジタルノマドのトレンド

デジタルノマドへの人々の関心が高まるにつれて、インターネットや新聞などでデジタルノマド関連の記事が増え、関連する本も多数出版されている。図2－8は最近、海外で出版されたデジタルノマド関連の本を示している。これら三冊はいずれも、現在のデジタルノマド（またはその予備軍）を対象として書かれており、「いかにしてデジタルノマドになるか」「いかにしてデジタルノマドとして生き残るか」「いかにして世界をめぐり、働きかつ楽しむか」などといった具体的な内容が取り扱われている。

これらの本は筆者らが *Digital Nomad* を出版してから約二〇年後に出されたものであるが、二〇年前に予想したことの多くが現実になっていることを示している。今や、デジタルノマドのトレンドが地球上で広がっていることは一目瞭然である。

Konrad Waliszewskiらによる*Digital Nomad*には「あなたがビジネスやキャリアでロケーションの自由を得るための段階的なガイド」という副題が付いており、これから新しいライフスタイルを始めようとする人にプランの作り方、資金準備の方法、行き場所の選び方などについてきめ細かくアドバイスしている。

● Digital Nomad by K. Waliszewski et.al, 2017, TripScout
● Digital Nomads by E. Jacobs et.al, 2016, Esther Jacobs
● Digital Nomad Survival Guide by P. Knudson et. al, 2017, P. Knudson

図2－8　最近のデジタルノマド関連本

そしてデジタルノマドにとって住みやすく、お勧めの場所として、アジアではタイの古都チェンマイ、台湾の台北、ベトナムのホーチミン市、マレーシアのクアラルンプールなどが挙げられている。北米ではカリフォルニア州サンディエゴ、オレゴン州ポートランド、南米ではブラジルのサンパウロ、ヨーロッパではハンガリーのブダペスト、チェコのプラハ、ポルトガルのリスボンなどが挙げられている。

Esther Jacobsらによる*Digital Nomads*には「世界をめぐっていかに日常を生き、働き、楽しむか」という副題が付されており、デジタルノマドに向けての実践的な手引きと言える。冒頭ではデジタルノマドになる意義として、①決まりきった繰り返しのライフスタイルから離れる、②無駄なく生きる（貨幣の強弱を生かすことなど）、③良い自然環境を求めて生きる（夏は涼しく、冬は温暖なところに行くなど）、④仕事に合ったベストの場所を選ぶ、⑤仕事をしながら世界一周ができる、など八項目を挙げている。

Peter Knudson らによる *Digital Nomad Survival Guide*（デジタルノマドの生き残り術）ではデジタルノマドとして長い経験を持つ二人の著者が、その生き方にはどんな問題があり、それをどのように乗り越えていくかということについてアドバイスしている。たとえば地域ごとに異なる時差の調整、食事や文化・習慣の違い、襲ってくるホームシックやストレス、お金の問題などについても詳しく書かれている。

デジタルノマドが住みやすい場所の紹介もあるが、タイのチェンマイ、ハンガリーのブダペスト、ポルトガルのリスボンについては前述の Waliszewski らの本と重なっているので、この三市は人気が高いのだと思われる。また逆に、デジタルノマドが避けた方がよい場所の一つとして日本が挙げられている。その理由は宿泊費や食費が高いこと、英語が通じにくいことである。

デジタルノマドの出現は、半導体の技術進歩がもたらした新たな社会現象である。ノマドたちはスマホを片手に友人と話をし、メールの送受信を行い、写真を撮ってクラウドに保管し、ウェブにアクセスして情報を検索し、オンラインショップで買い物をする。そして個々のこのような行為がすべてネットワークにアップされ、ビッグデータとなる。これはデータドリブン社会（データの収集・活用が可能なインフラが整備された社会）へとつながり、大手IT企業GAFAの隆盛をもたらした。

デジタルノマドはまさに現代文明を象徴するひとつであり、半導体の革新とその威力を如実に示している。

†半導体（CMOS）の進歩なくしてはあり得なかったこと

図2-9にはここ数年の新しい社会現象がアトランダムに示されているが、これらのことは半導体（CMOS）の進歩なくしてはあり得なかったことである。この中で、「スマホ」、「トランプ大統領」、「デジタルノマド」についてはすでに述べた。

「ウーバー」はライドシェア・サービスの一つであるが、スマホの登場によって可能になったビジネスである。二〇〇九年にサンフランシスコで始まり、今日では四〇カ国・四五〇都市でサービスを展開している。海外ではタクシーの数が少ないところもあり、そのようなところでも手軽に使える利便性がある。

「リモートワーク」はコロナ禍の影響で広がった。これによりパソコン、タブレット、スマホなど情報端末の需要が高まりを見せているが、それらの機器の中では半導体（CMOS）が大活躍している。

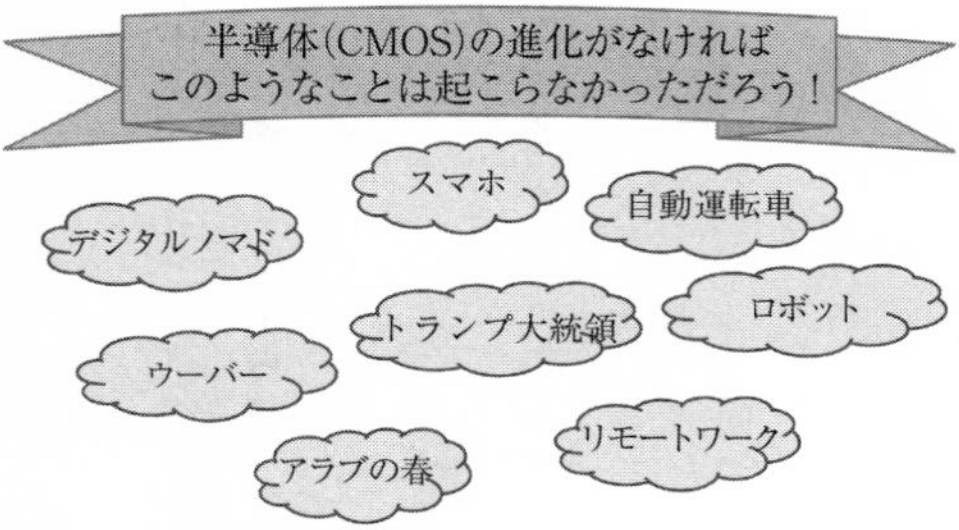

図2-9　半導体は現代文明のエンジン

「アラブの春」は二〇一〇年から一二年にかけて中東・北アフリカで発生した一連の民主化運動で、チュニジアにおけるジャスミン革命からアラブ世界に波及した。この運動によりチュニジア、エジプト、リビアでは政権が交代し、その他の国でも政府が民主化デモの要求を受け入れた。

この運動が急速に広がった背景にはフェイスブックやツイッターなどSNSの普及があり、これにより人々が早く情報を共有することが容易となった。半導体の進歩がなければ、アラブの春も同じようなかたちでは起こり得なかっただろう。

「自動運転車」と「ロボット」はすでに一部が市場に出回っているが、これらは今後ますます成長して人々に大きな恩恵を与えるだろう。現在の半導体の最大の市場はスマホ、パソコンの分野であるが、筆者が今後大きく伸長するであろうと予想しているのは自動運転車、ロボットの分野である。日本半導体の復権はこの新市場での競争において勝てるか否かにかかっていると言っても過言ではない。

図2-9に見られる事例はいずれも現代文明の一端であるが、これらは最新の半導体（CMOS）の力が現代文明を駆動していることの証であり、「半導体は現代文明のエンジンである」ことの裏書きでもある。

†アップルカーのインパクト

新聞やネット上のメディアではアップルカーの情報が飛び交っているが、その実態はベールに覆われたままである。当のアップルはアップルカーの正体について公式なコメントは出していない。

しかし、アップルカーの開発は「プロジェクト・タイタン」の名の下で二〇一四年から始まっており、現在では数千人規模の陣容で着々と開発が進行中と見られている。

すでに試作車は完成し、公道における走行試験も連日のように行われている。二〇二一年二月に公表された米国カリフォルニア州車両管理局の資料によれば、アップル社の公道試験結果（二〇二〇年度分）は次のようになっている。

●走行させた車両数……　二九台（二〇一九年度比　一・二六倍）
●走行距離の合計……三万二六〇km（二〇一九年度比　二・四九倍）
●自動運転継続平均距離……二三三km（二〇一九年度比　一・二三倍）
（出典『日経エレクトロニクス』二〇二一年五月号）

「走行距離の合計」は走行させた二九台の車の走行距離を合計したもの、「自動運転継続平均距離」は人手の介入なしに自動運転機能で走り続けられた距離の平均である。

これらの数値をウェイモ（グーグル系の自動運転車メーカー）やクルーズ（ジェネラル・モータ一ズの子会社）のデータと比較するとかなり見劣りしており、なお改善が必要な段階にあるように思われる。

アップルカーは本当に世の中に出てくるのか、いつ、どんな形で出てくるのか。今は誰にもわからないが、筆者は遅かれ早かれ、それは時間の問題であろうと考えている。それが出てくれば、社会全体に大きなインパクトを与えることになるだろう。

第一に半導体の最先端技術をフルに活用することによって、これまでにない新しい自動車のイメージを示すだろう。二〇〇七年、アップルは携帯電話の全盛期にスマホを市場に導入して、その後の流れを大きく変えたが、自動車の場合もそれに近いことが起こるだろう。

第二にアップルカーを契機として、自動車産業では「水平分業化」が大きな流れになるだろう。アップルでは自動車の製品仕様の定義と基本設計を行い、車体などの製造は専門の業者に委託する。これはスマホの場合と同じようなパターンである。アップルの車を製造するメーカーとしては韓国の現代自動車などの名前が取りざたされているが、今のところ確報はない。

アップルカーは、半導体の進化が生み出す現代文明の新しいモニュメントになるのではなかろうか。

第3章

一国の盛衰は半導体にあり

1　日本のイメージを変えた半導体

†「安かろう、悪かろう」から「最先端、高品質」へ

わが国の半導体が戦後どのような形で発展し、それが日本のイメージをどのように変えたかについて触れてみたい。

一九四五年の敗戦以来、わが国は廃墟の中から立ち上がるようにして国の復興に取り組んできたが、食料や原材料などの輸入をまかなうための外貨獲得の担い手として、初期には繊維品や玩具類などの手工業品が輸出されていた。そしてそれらの製品が「メイド・イン・ジャパン」のイメージを作っていたのである。アメリカなどの先進国から見れば、低賃金がベースになって輸出されたそれらの製品は「安かろう、悪かろう」といった印象で受け止められていた。そのイメージを一変させたのがトランジスタ・ラジオに始まる一連の民生用電子機器（白黒テレビ、カラーテレビ、ウォークマン、VTRなど）であった。そして半導体をベースとしたこれらの製品群が繊維品や玩具類に代わって、戦後日本の代表的な輸出品になっていった。このような変化に伴い「安かろう、悪かろう」といったメイド・イ

ン・ジャパンのイメージは「最先端、高品質」に変わっていったのである。

具体的な事例を紹介しよう。

一九六二年、当時の池田勇人首相は戦後初めてフランスを公式訪問し、シャルル・ド・ゴール大統領と会見した。その時のお土産として選ばれたのがソニーのトランジスタ・ラジオであった。この当時の日本を代表する最先端技術の商品だったのである。池田首相はこの新しいトランジスタについて熱っぽい紹介を行ったが、熱心さのあまり大統領から「トランジスタのセールスマン」と揶揄されるほどであった。半導体はまさに戦後日本の「希望の星」だったのである。

続いて、一九七九年に出版されたエズラ・ヴォーゲルの『ジャパン・アズ・ナンバーワン』(広中和歌子・木本彰子訳、TBSブリタニカ)の翻訳者の広中和歌子が同書の訳者あとがきに述べている一節を紹介しよう。


私がこの国(注・米国を指す)にやって来た二〇年前を思い出してみると、当時、アメリカ人がなんとはなしに日本人を小馬鹿にしていたように感じたものだった。(中略)。見かけはまあまあでも、安かろう、悪かろうの品物に失望するアメリカ人は、日本人を安物しか作れないチープな国民としてみていたことが、故国を離れたばかりの私には、痛く感じられたものだった。

そうしたアメリカ人の日本観が変わってきたのは、トランジスターのおかげである。フランスのある首脳は日本人を「トランジスターのセールスマン」と皮肉ったが、アメリカ人、特に一般の人々の日本に対する態度は単純な驚きと尊敬であった。

この一文からもわかるようにトランジスタをベースにしたラジオやテレビ、ウォークマンなどの商品群によって海外における日本および日本人に対するイメージは一変することになり、メイド・イン・ジャパンが高級品を意味するきっかけを作ったのである。

†半導体による奇跡の復興

実際のところ、このような民生用の電子機器は半導体ができる前には真空管で作られており、その時点においては欧米のメーカーが日本をはるかにリードしていたのである。真空管の時代は「舶来品崇拝」の時代であったといえるかもしれない。しかしながら、基本の技術が真空管から半導体へと転換する過程において、日本勢が欧米勢を抜き去ったのであった。

なぜ、そのような逆転が起こったのか？ 特に、トランジスタを発明した米国が日本のリードを許したのはなぜか？

その理由の一つは日本と米国における半導体応用製品の違いにあった。米国においては半導体の最初の応用分野が軍需用を指向していたのである。

それに対して、戦後の日本において軍需産業はなく、半導体の応用分野は必然的に民生分野に限られていた。

◇1955年、ソニーからTR－55発売
◇コンシューマ製品への半導体応用の先駆となる
◇「垂直統合モデル」を生み出す
◇「メイド・イン・ジャパン」のイメージを一新

図３－１　国内初のトランジスタ・ラジオ（ソニー）
出典：ソニーホームページ

このような背景のもとで、真空管より小さいという、トランジスタの特徴を最大限に生かした商品としてトランジスタ・ラジオが一九五五年にソニー（当時、東京通信工業）から発売された。その後、改良に次ぐ改良が重ねられ、また国内の他社も追随して販路は国内から海外へと広がり、生産は急速に立ち上がった。これがわが国のイメージ向上に大きな効果を持ったのである。

図３－１は国内で初めてソニーから発売されたトランジスタ・ラジオ（TR－55）の写真である。発売直後から好評を博し、発売の五年後には真空管式ラ

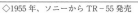

ジオの生産量をトランジスタ式が凌駕し、一〇年後には日本全体で二〇〇〇万台にも達した。この勢いは「奇跡の復興」といわれたわが国の戦後復興を象徴するものであったと言えよう。端的に言えば、戦後日本のイメージ・アップは「実も花も」半導体に負うところが大きかったのである。

「真空管からトランジスタ」への転換の動きはラジオに先導される形で、次から次へと広がっていった。一九六〇年には世界で初めてソニーがトランジスタ式の白黒テレビを発売した。それに続いて電卓、時計、カラーテレビ、VTR、ウォークマンなどの大型製品が市場導入され、世界の民生電子分野において日本は圧勝とも言える地位を築いたのであった。

このような形で日本では主として民間主導によって民生分野の市場を開拓したのに対し、米国においては前述のように軍需向けの市場が中心になっていた。一九八九年に発刊された『メイド・イン・アメリカ』(マイケル・ダートウゾス他著、依田直也訳、草思社、一九九〇年)によれば、一九六五年におけるアメリカの半導体生産の約五〇%は軍需向けであったとされる。しかし、その一〇年後には軍需向けは一五%に低下し、それに代わって米国市場をリードしたのがコンピュータ分野であった。米国にはIBMをはじめとする大きなメーカーがあり、半導体にとって巨大な市場が形成されたのである。

†超LSIプロジェクト

さて、日本においても、一九七〇年代に入って産官連携の形でコンピュータ産業の振興計画が進められた。そのようなときに、日本の政府および民間の指導者層にとってはショッキングなニュースが伝わった。コンピュータ業界の巨人IBMが「フューチャー・システム（FS）」と呼ばれるシステム開発に取り組んでおり、当時一般的に使われていた半導体ICの一〇〇〇倍も強力なチップを開発しているというのである。これは日本の情報産業にとって大きな脅威であると感じた政府は、急遽国を挙げての先端半導体開発プロジェクトを起こした。これが有名な「超LSIプロジェクト」であり、一九七六年から八〇年にかけて推進されたのである。日本の最重点産業といわれた情報産業の脅威を半導体の力によって突破しようという作戦だったわけであるが、半導体の重要性とその威力を示す好事例と言えよう。

このプロジェクトはもともとコンピュータ産業の振興の目的で始まったのであるが、結果としては、半導体を支える製造装置産業や材料分野産業を育成強化することに大きな役割を果たした。いわば半導体にとっての川上産業が強化されたのである。

一方、川下産業としては民生分野が先行していたため、日本の半導体にとっては川上と川下の両側から支援を受ける格好で、その競争力は急速に強まっていった。

実際のところ一九八〇年代の末頃には半導体市場に占める日本メーカーのシェアは五〇%超に達し、米国との間に大きな貿易摩擦を引き起こすほどになっていた。その頃の日本半導体がいかに強いと思われていたかについての証言を紹介しよう。

一九八九年に発刊された盛田昭夫・石原慎太郎共著の『「NO」と言える日本』(光文社)の中で石原は次のように述べている。「……一メガビットだけではなしに数メガビットの半導体というものを、アメリカ人もすでにノウハウとしては開発したかもしれません。しかし、これが兵器を含めて多くの機材に多般に実用化して使われるということになると、生産管理が著しく進んでいる日本でしかその提供はあり得ない。(以下略)」。

これに続いて次のようにも述べている。「仮に日本が、半導体をソ連に売ってアメリカに売らないと言えば、それだけで軍事力のバランスががらりと様相を変えてしまう」。

この当時はソ連とアメリカがにらみ合う冷戦の時代であったが、日本の半導体の力がキャスティング・ボートを握っているというのが石原の見方であった。このような見方の妥当性は別としても「一国の盛衰は半導体にあり」という表現が大げさでないということが理解していただけるのではないかと思う。

2 国際競争力のランキング推移

†日米の逆転

一九八〇年代に日本の半導体が強くなり、米国を凌駕したことについて米国では政府、民間、大学、マスコミなど国全体に危機感が広がった。このような状況を背景として米国は国を挙げて半導体の強化に取り組み、驚異的な勢いでその競争力を回復したのである。

スイスにある経営研究機関ＩＭＤは毎年、各国の国際競争力ランキングを発表している。この機関は五〇年以上にわたって経営の課題について研究しており、国際競争力のテーマは一九八九年以来続けられている。その対象は五一の国と九の地域（全部で六〇）に及び、評価対象の項目は三〇〇を数える。その中にはマクロ経済、政府の効率、企業経営効率、インフラストラクチャー（科学技術、教育他）の四大分野があり、各々の中に細分化された項目が含まれている。平たく言えばいろいろな角度から「国のポテンシャル」を見ているといえよう。

さて、図３－２は日本の国際競争力の推移を米国と対比する形で示している。また、図

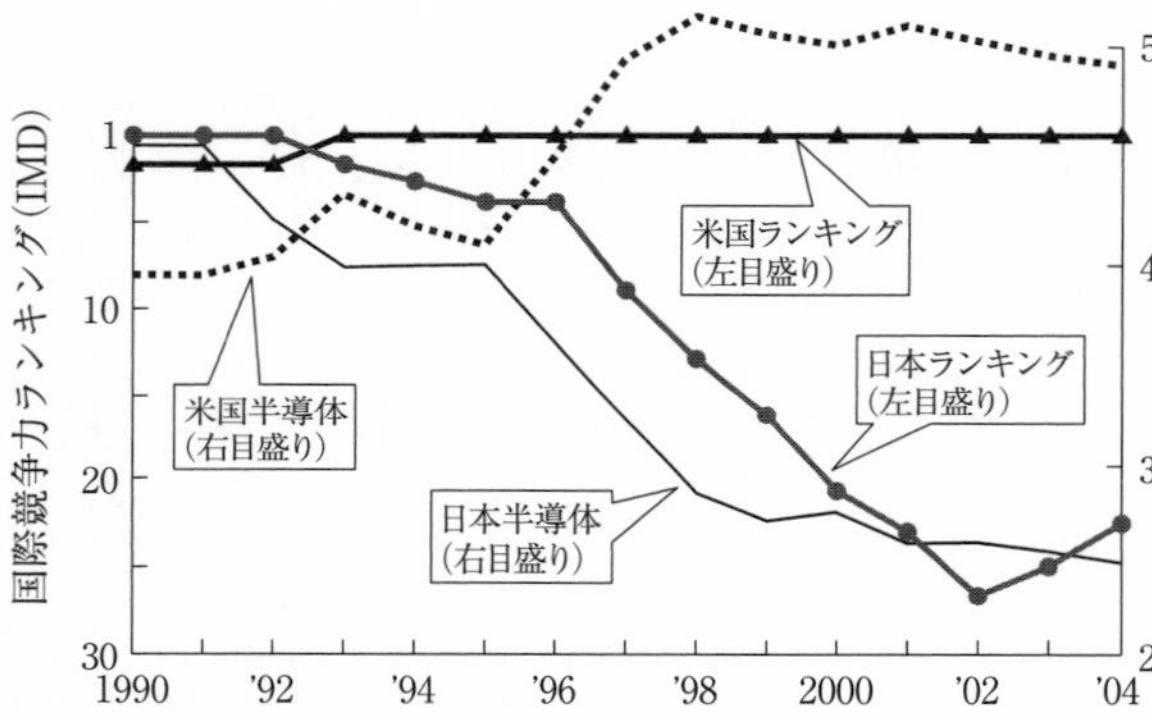

図３-２　国際ランキングと半導体シェアの推移
出典：The World Competitiveness Yearbook 2004（IMD）, Dataquest

の中には日本と米国の半導体シェアの推移も併記されている。

一九九二年まで日本の国際競争力は世界のトップであったが、一九九三年に米国が日本を抜いてトップに立ち、日本はそれ以降坂道を転がるように順位が下がってきた。二〇〇二年には二七位まで落ち込み、二〇〇四年に二三位まで戻したとはいえ、一九九〇年代の勢いに比べれば見る影もなく、まさに「地すべり的大敗」といえるような状況になったのである。

日本メーカーの半導体シェアの推移に注目してみよう。国際競争力のランキングと同じく、半導体のシェアも一九九二年までは世界トップであったが、一九九三年にその座を米国に奪われたのである。最盛期には五〇%強のシェアに達していたが、二〇〇五年には三〇%以下に低迷しており、二〇二〇年には一〇%を切るところまで落ち込んでいる。国際競争力と半導体シェアについての日米のランキングは奇しくも一九九三年に同時に逆転したのである。日本の国際競争力ランキングと半導体シェアとがほとんど同じ時期に弱体化しているのはなぜだろうか?

この時期は日本経済のバブル崩壊とも重なっているが、筆者の見解は日本の相対的な弱体化をもたらした最大の要因は「デジタル革命」の広がりである。そのインパクトについて考えてみたい。

†デジタル革命のインパクト

一九七〇年代から八〇年代にかけて日本が世界をリードした民生用電子機器は主として「アナログ技術」をベースにしており、事業の形態は「垂直統合型」が主流であった。すなわち、一つの事業を行う場合に、企画から設計、製造、テスト、マーケティング・販売のすべての業務を社内に取り込み、重要な部品やソフトも内作によって差異化するという方式である。日本の電機メーカーの多くはこのような形態の事業経営によって成長を続けてきた。

しかし、一九九〇年代に入ると民生機器分野は成熟化し、電子産業の主役として登場したのが「デジタル技術」をベースとするパソコンである。この産業分野をリードしたのは米国であった。パソコンの場合の事業形態は「水平分業型」であり、従来のモデルとはまったく様相を異にするものであった。

すなわち、パソコンの中の主要構成要素であるMPU（マイクロプロセッサ）は主としてインテルが供給し、基本ソフト（OS）のほとんどはマイクロソフトが供給している。その他の半導体チップやディスプレイもそれぞれの専門メーカーが供給するのが通常であり、パソコン・メーカーの仕事はそれらを組み合わせて顧客に提供することである。これは従来の電機メーカーのやり方とは大きく異なる点であった。デジタル革命によって産業構造が垂直型から水平型に転換した。つまりタテのものがヨコになってしまったのであるが、これによって日本の総合電機メーカーの国際競争力は著しく低下したのである。

また、インターネットによってあらゆる情報が瞬時に地球上を駆けめぐることになり、経済のグローバル化がさらに加速されることになった。水平分業化においては設計、製造、資材調達、マーケティング、流通などあらゆる面でグローバルな対応が必要となる。内向き志向が強く、国際的な標準語となっている英語を不得意とする日本にとっては強い逆風になったことは否めない。

さらに「デジタル革命」は時間軸を著しく短縮するというインパクトをもたらし、それは「ドッグ・イヤー」という言い方に表れている。字義通りの意味は「デジタル時代の一年は約五〇日である」ということになる。この時間軸の短縮も多くの日本企業にとってはネガティブな要因になったと思われる。

たとえば半導体事業の場合、一九九〇年代までの日本では「大手電機メーカーの一部門」といった形態が普通であるため、経営戦略の意思決定には多くの部署のコンセンサスが必要になる。それに対して米国の半導体メーカー（たとえばインテル、TI、マイクロンなど）は純粋な半導体専門メーカーであり、半導体のプロのみで意思決定を迅速に行うことができる。

一九九〇年代に広がったデジタル革命が与えた多岐にわたるインパクトにおいて、アナログ時代のリーダーであった日本にはマイナス面が多かったと言えよう。

これに対し、米国、欧州、アジア諸国はこのデジタル革命の潮流をしっかりとつかみ、その利点を生かして競争力を復活させたのである。以上のような流れで一九九〇年代以降、日本の国際競争力は地すべり的に弱体化し、パソコン産業は精彩を欠き、半導体シェアも急速に落ち込んでしまったのである。

デジタル革命のインパクトはパソコン、半導体分野を直撃したのみならず、日本の多くの産業、教育、行政など広い分野におけるデジタル技術の競争力低下を招いた。そして、二〇二〇年に始まったコロナ禍において、そのことが浮き彫りになった。

　具体的な事例のひとつが、特別給付金（一〇万円）の支給の混乱である。支給に当たっては従来の郵送方式とマイナンバーカードを使ったオンライン方式が並行して使われた。政府では普及が進まないマイナンバーカードの普及のための絶好の機会としてこれを推奨したが、実際には市町村役所における内容のチェックに人手と時間を取られ、郵送方式よりも遅いケースまで出てきた。自治体によってはマイナンバーカード方式を止め、郵送方式のみに絞るところも出てきたとの驚くべき報道があった。

　この事例はデジタル技術の遅れを示す氷山の一角に過ぎない。スイスのＩＭＤによれば二〇二〇年の国際的な「デジタル競争力」は六三カ国中二七位となっている。

　歴史を振り返れば、戦後のアジアにおける経済の発展過程において、日本は長くアジアのリーダーとして全体の牽引役を果たしてきた。ところが、デジタルの時代になってから、その様相は一変している。

　デジタル競争力の二〇二〇年におけるアジア勢の世界順位は次のような序列になっている。二位シンガポール、五位香港、八位韓国、一一位台湾……二七位日本。かつてアジアのリーダーであった日本は、デジタルの時代になって、隊列から大幅に遅れて後を追う形になっているのだ。

3　各国首脳の半導体への取り組み

†半導体の持つ威力

半導体の技術は今日の高度情報化社会の最も根幹を支えるものであり、過去半世紀以上に渡る技術革新によってわれわれの社会やライフスタイルのあらゆる面で大きな変化をもたらした。半導体は一般の人から見ればあまりにも小さく、捉えがたい面があるものの、過去、現在、将来にわたってその重要性は変わることがない。

図3－3は二〇〇四年、米国のIEEEスペクトラム誌がその四〇周年を記念して、米国の四〇人の有識者から得たアンケートの結果である。「過去四〇年において最も重要な技術は何であったか？」との問いに対して半数近くの一九名が「半導体」を挙げており、インターネット、コンピュータ、バイオなどの分野を上回っている。

アンケートに答えて、イリノイ大学のニック・ホロニヤック教授は「半導体がなくなれば、電子産業も世界経済も崩壊する」と述べており、インテル会長（当時）のクレイグ・バレット氏は「ICがなければパソコンも携帯電話も巨大ビルの大きさになっていただろ

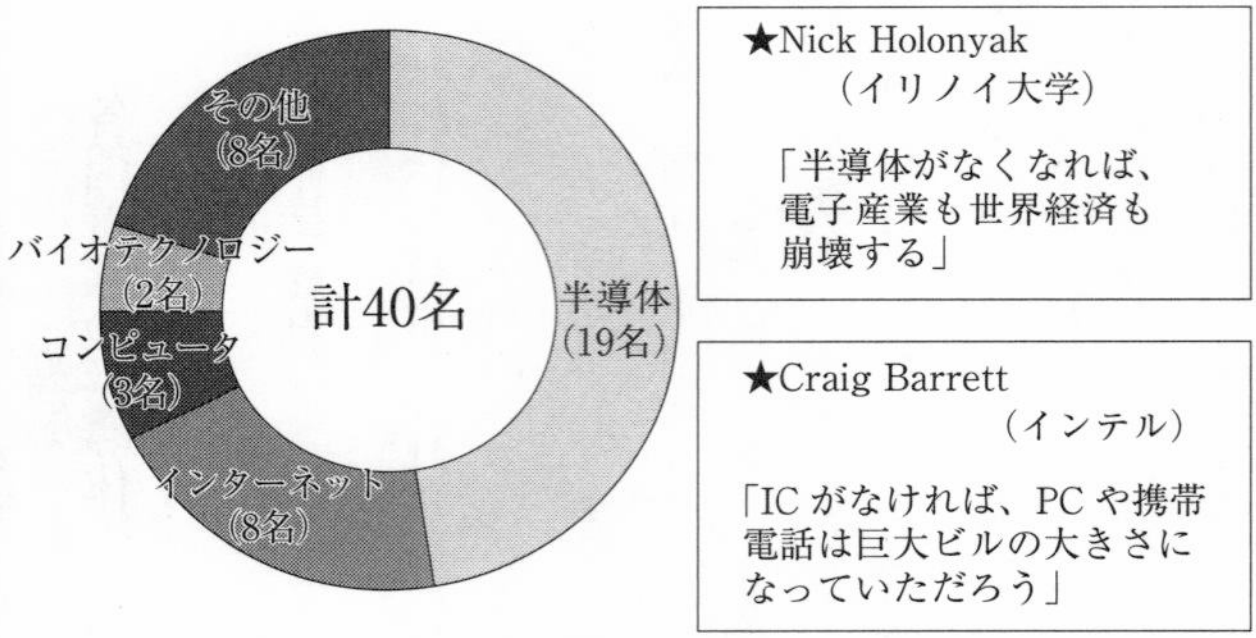

図3－3　過去40年の最重要技術は？（IEEE Spectrum アンケート）
出典：IEEE Spectrum（2004年11月）

う」と、半導体の持つ威力を表現している。

これらの有識者の言葉からも容易に理解できるように、半導体は世界各国の政府首脳にとっても最大の関心事になっているのである。首脳たちは機会を捉えては半導体関連のイベントに姿を現し、その重要性を強調し、激励と支援の言葉を贈るのが普通である。

ここにはそのような中からいくつかの事例を紹介することにしたい。もちろん、すべてを紹介できるわけではなく、筆者が新聞・雑誌などのメディアを通じて知り得た範囲に限られていることをご承知おきいただきたい。

●フランスのジャック・シラク大統領

二〇〇三年にSTマイクロエレクトロニクス（フランスとイタリアの共同出資の会社で本社はスイスにある）

がグルノーブル近郊のクロールに、三〇〇㎜ウエハーの最先端共同開発拠点をオープンした。このプロジェクトはオランダのフィリップス（当時）、アメリカのモトローラ（当時）との共同体制であるが、STマイクロがその中心になっていた。

当時のシラク大統領はこの竣工式に参列してテープカットを行い、ウエハー製造ラインを視察した。そして半導体がフランスの将来にとって極めて重要な分野であり、政府としても重点的に支援する旨を表明したのである。グルノーブルはかつて冬季オリンピックが行われたスキーの名所であるが、ここにはLETIと称する国立半導体研究所もあり、フランスはもとより欧州における半導体研究開発の中心となって発展を続けている。

●ベルギーのヒー・フェルホフシュタット首相

読者の中には「ベルギーでも半導体？」と思う方もいるかもしれない。ブリュッセルに近いルーベンには世界最大規模の半導体研究機関IMECがあり、世界をリードするような先端技術の開発が進められている。

二〇〇一年二月にIMECとソニーが半導体の共同開発で合意に達し、その調印式が東京の迎賓館で行われた。IMEC側はギルバート・デクラーク所長（当時）、ソニー側は筆者が調印することになった。当時、来日されていたベルギーのフェルホフシュタット首相も調印式に同席され、マスコミの取材に答えて、半導体研究開発がベルギーにとって極めて重要であり、今後とも重点的に支援することを述べられた。

●シンガポールのゴー・チョク・トン首相

シンガポールにおいても半導体産業の育成が積極的に進められてきた。世界各国の半導体メーカーがシンガポールに製造拠点を設立しているが、いわゆる地元の会社としてはチャータード・セミコンダクタのみであった。同社は政府の出資でスタートしたが二〇〇〇年に株式市場に上場した。

図3-4　チャータード・セミコンダクタ社における鍬入れ式（画面中央がゴー・チョク・トン首相）
写真：チャータード・セミコンダクタ社

同社で最先端の技術をベースにした三〇〇㎜ウエハー工場を建設するために、二〇〇〇年二月に起工式を行ったが、その式典には当時のゴー・チョク・トン首相が参列して自ら鍬入れを行った。それに続いて幹部社員に向けてチャータード・セミコンダクタの半導体事業がシンガポールにとっていかに重要であるかを述べて激励のメッセージを送った。図3-4は鍬入れの時の写真である。

なお、チャータード・セミコンダクタは二〇一〇年に米国のグローバルファウンドリーズに買収され、現在その名は残っていない。

●アメリカのビル・クリントン大統領

半導体の重要性についての認識が最も広く行き渡っているのはおそらく米国であろう。そもそもトランジスタやＩＣが発明された国であるということだけでなく、「シリコンバレー」という言葉が日常的に親しみを持って使われていることにもよく表れている。言うまでもなく、「シリコン」は今日の半導体産業の中で中核的な役割を果たしている原材料であることに由来しているが、米国人にとってシリコンバレーは現在のハイテクのメッカとも言うべき独特の響きを持っている言葉である。

シリコンバレーはサンフランシスコの南東にあるサンタクララ渓谷一帯を指すが、ここに有力半導体メーカーの拠点がある。この地域からハイテク産業が世界に広がったのでこの名前で呼ばれるようになった。シリコンバレーは米国の今日の繁栄をもたらすのに先導的な役割を果たした地域であり、それはまさにアメリカの誇りでもある。

二〇〇〇年一月、クリントン大統領はＮＮＩ（ナショナル・ナノテクノロジー・イニシアティブ）と称するナノテクノロジー開発プロジェクトを自ら提案し「将来、国会図書館の全部の資料を角砂糖の大きさに」というわかりやすい目標を掲げてそのプロジェクトの重要性を強調した。もちろん、ナノテクノロジーは半導体の分野に限られるものでなく、もっと広い分野をカバーしている。しかし、半導体ではすでにナノテクノロジーが主流になりつつあることを考えると、産業の実態としては半導体がその主要な部分を占めることになるだろう。

なお、オバマ大統領（二〇〇九年〜一七年）、トランプ大統領（二〇一七年〜二一年）、バイデン大統領（二〇二一年〜）と半導体とのかかわりについては第1章第1節を参照されたい。

●韓国の金泳三大統領

今日、韓国のサムスン電子は半導体分野のシェアにおいてインテル（米）に次ぐ第二位のポジションを占めており、強い勢いで成長を続けてきた。同社は一九八〇年代からダイナミック型メモリ（DRAM）にターゲットを絞り、先行する日本、米国のメーカーを追随した。キロビットの時代にはかなりの格差があったものの、メガビットの時代になって徐々にその差を縮め、ついに二五六メガビットの世代で世界トップの開発に成功したのであった。その記念祝賀会にはビット数に因んで二五六人のゲストが招待され、その中には日本の材料メーカーなども含まれていた。当時の金泳三大統領はその祝賀会において、二五六メガビットメモリでのサムスン電子の開発成功を韓国の国家的偉業として賞賛し、半導体関係者に激励の言葉を送った。

†半導体に関心を示さない日本の首脳

さて、このように世界各国の首脳が半導体について極めて熱心に取り組んでいるが、日本ではどうであろうか？

筆者が知る限り、一九八〇年代以降、日本の首脳が先に紹介したような形で、半導体に直接のかかわりを持ったことは聞いたことがない。日本は半導体分野において長く米国に次ぐ生産国であったが、その重要性が広く共有されるような状況にはなっていない。国のトップがテレビなどのメディアを通じて半導体の重要性を呼びかけることもないし、米国におけるシリコンバレーのように日常の気軽な会話の中で話題になることも多くない。

日本の首脳はなぜ半導体に関心を示さないのであろうか？

その理由は無論定かではないが、考えられることは次のようなことである。

一つには、先に引用した『「NO」と言える日本』の石原のように「半導体では日本が米国よりも圧倒的に強い」とする優越的な認識が未だに尾を引いているのではないか？そのため半導体の分野には国の首脳が関わる必要はないと考えているのかもしれない。しかし、そのような状況はすっかり変わってしまっており、日本の市場シェアは凋落の一方である。

二つ目には「半導体はたかだかGDP比一％の産業にすぎない」ということで、重きが置かれず、長期的な国家戦略よりも目先の選挙対策的な政策に走りがちなため、半導体には目が向けられないのかもしれない。

そして、三つ目として、一九七〇年代の超LSIプロジェクトが官民癒着として諸外国から非難されたため、このような事態を恐れているのかもしれない。

あるいはまた四つ目として、半導体業界からのアピールがないため、自ら動き出すことを控えているのかもしれない。

いずれにしても、国の首脳が半導体に関心を示さないという点で日本は例外的である。

4　半導体は一％産業にあらず！

†多くの産業の基盤となる半導体

たしかに、日本における半導体産業そのものの比重は国民総生産のたかだか一％である。

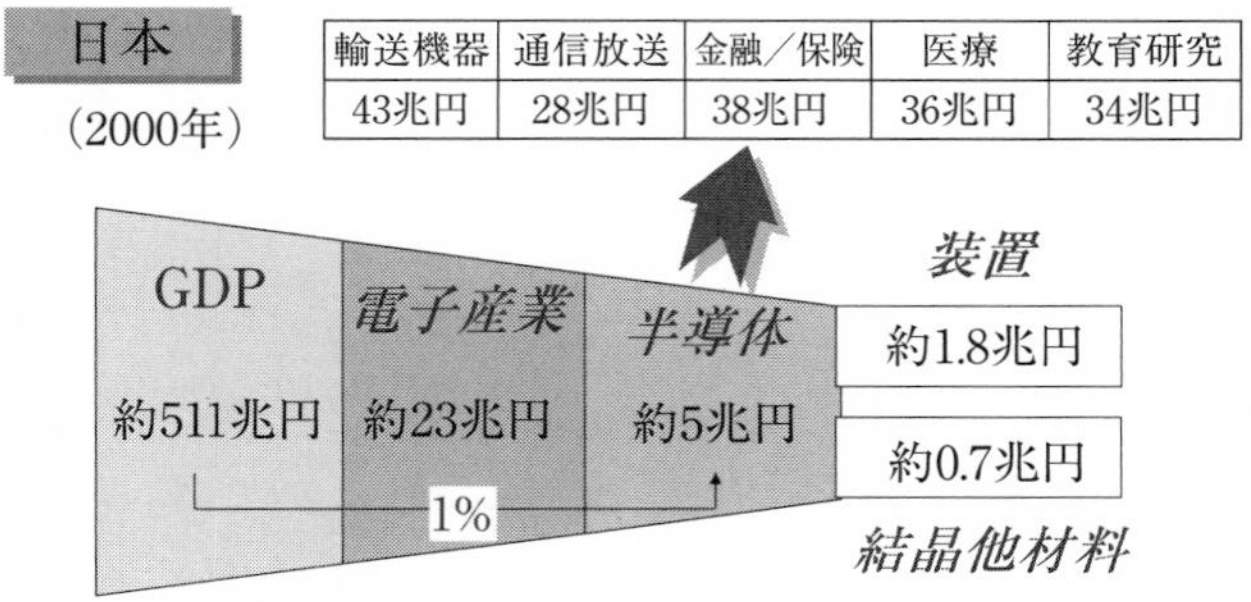

図３－５　半導体は１％産業にあらず！
出典：内閣府、経済産業省、JEITA、SEAJ

たとえばＪＥＩＴＡ（電子情報技術産業協会）編の『ＩＣガイドブック』（二〇〇三年版）には次のように記されている。「二〇〇〇年の半導体世界出荷額は二〇四四億米ドルとなった。このうち、日本では四六七億ドルの生産規模となり、対ＧＮＰ比約一％を占めるまでに成長した」。

しかし、「国民総生産の一％」という捉え方は半導体の持つ強烈なインパクトを矮小化し将来への指針を間違った方向に導きかねない。

図３－５は半導体を取り巻くいろいろな産業の関連を示している（二〇〇〇年時点）。半導体から見た川下産業（すなわち半導体を使う産業）は電子産業であるが、約二三兆円の規模がある。また、川上産業としては半導体製造装置産業、部品材料分野の産業があり、他にもＥＤＡベンダー、ＩＰプロバイダーなど多岐にわたっている。半導体と隣接している川上・川下産業を含

めると、全体で約三〇兆円の規模になり、GDP比で六％程度にもなる。半導体の影響は隣接している分野のみならず、さらに多くの産業分野の基盤となり、その高度化のための不可欠の要素となっている。

身近な例で言えば自動車関連の分野であり、今後自動車にはますます多くの半導体が使われ、安全性、経済性、快適性の向上につながることが期待される。たとえばカーナビゲーションは日本が世界に先駆けて導入したシステムであるが、高性能マイコン、画像処理プロセッサ、メモリなど高度な半導体が使われている。また、ETC（自動料金収受システム）も次第に普及しつつあるが、ここには制御用のICとともに不揮発性メモリが使われている。さらに地上波デジタル放送の普及とともに、車内で受像するテレビ映像の画質は格段に安定し、居間で見るテレビの画像と遜色がないまでに改善された。ここでも多種多様の半導体が使われている。

また、道路と車、車と車の間の通信技術の高度化によって衝突防止システムが可能となり、安全性に大きな貢献をすることが期待される。このような自動車の高度化は半導体の進歩、高信頼化および低価格化に負うところが大きいことは言うまでもない。現在でも中・高級車には四〇〜五〇個のマイコンが使われており、さらに多くの車種に広がっていくだろう。

かつて、二〇〇〇年のＩＳＳＣＣ（国際固体素子回路会議）でキーノート・スピーチを行ったトヨタ自動車の野田直樹は将来の車のイメージを漫画風に描いて「車は半導体を運ぶ箱になる」として聴衆の喝采を浴びた。自動車の高度化がいかに半導体に依存しているかを如実に示す内容のスピーチであった。

自動車分野においては自動運転車の開発競争が激しくなっており、これからの一〇年でその実用化が大きく進むであろう。半導体は自動運転技術の根幹にかかわっており、成否の鍵を握っていると言っても過言ではない。

通信放送の分野（市場規模二八兆円）も、半導体の技術革新によって大きな変化を遂げており、将来的にも半導体への依存度はますます高まるだろう。通信分野での最も大きな変化は固定電話から携帯電話へのシフトであろう。一九九〇年代以降の変化は劇的でさえあった。当初の携帯電話は通話のみの機能であったが、その後カメラ、音楽プレイヤー、ゲーム、位置情報、メール、ウェブ検索など極めて多くの機能が付加されて進化を続けており、今日のスマートフォン（スマホ）へとつながってきている。

また、放送の分野でも半導体技術の進展によっていろいろな変化が起こりつつあるが、なかでもアナログ放送からデジタル放送への転換は放送史上画期的である。地上波デジタル放送は二〇〇三年一二月に東京、名古屋、大阪地区からスタートしたが、次第にサービス領域を広げて行き、アナログ放送が終わるまでに、約一億台のテレビがデジタル化された。二〇一一年七月にはアナログ放送が東北の被災三県（宮城県・岩手県・福島県）を除く四都道府県で終了し、地上デジタル放送に完全移行した。被災三県も二〇一二年三月に地デジ化が完了し、六〇年近く続いたアナログ放送の時代が幕を閉じた。日本政府はアナログからデジタルへ転換する過程での経済効果を総額で二〇〇兆円と試算していた。デジタルテレビには高精細画像処理のために高度な半導体チップが使われており、液晶パネルなどとともに重要な構成要素となっている。

金融・保険分野（市場規模三八兆円）におけるオンライン化の広がりやATMの安定稼動は半導体の高性能化・高信頼化が大前提になっている。さらに金融カードの偽造防止にはICカードへのシフトが必須といわれており、この場合にも不揮発メモリの信頼性が大きなポイントになる。また、半導体をベースにした電子マネーの普及はユーザーにとって大きな利便性をもたらし、金融業界へのインパクトもますます大きなものになるだろう。

二〇〇六年四月四日の『日本経済新聞』夕刊は硬貨の流通が初めて減少に転じたことを報じ、その原因として電子マネーの普及で消費者が小銭を使う機会が少なくなったことを挙げている。JR東日本が発行する電子マネー対応型の「スイカ」の発行枚数は二〇二一年三月末の時点で約八三四三万枚にのぼる。またビットワレットが運営する電子マネー

「エディ」の発行枚数も二〇一八年八月の時点で一億枚を突破している。最近は携帯電話の電子マネー「おサイフケータイ」なども広がりを見せており、いまや現金を持たずにスマホで決済することが当たり前となりつつある。半導体がお金の役割を持つ時代が始まっているのである。

医療分野（市場規模三六兆円）ではすでに半導体が広く使われているが、今後も病気の診断や健康モニターなど、その応用分野はますます広がっていくだろう。将来的には失われた視力や聴力を半導体によって回復することも可能であり、試験的にはすでにそのような試みが報告されている。

教育・研究分野（市場規模三四兆円）でも半導体の進化は大きなインパクトを与えつつある。一人ひとりがパソコンを持ち、それが高速通信網で相互につながることによって、教育のあり方を大きく変えることができる。これまでの教育についての一般的なイメージは「大きな教室の中で、大勢の生徒が先生の講義を聴く」というものであった。しかし、各個人がそれぞれの端末を持つようになれば「いつでも、どこでも、自分の好きな講義を聴く」ということも可能になる。

近年、新型コロナの感染予防のために対面授業に代わってオンライン授業を行うケースが広がっているが、これは新しい教育の形としてさらに進化していくだろう。

これまでに述べた分野は半導体の直接的な川下・川上産業ではないが、半導体によってその基盤が支えられ、将来の高度化も半導体に依存している分野である。これらをすべて含む国内市場規模は実に二〇〇兆円にも達し、GDP比で四〇％を占める。日本経済の中でいかに大きな部分が半導体によって支えられているかを銘記しなければならない。半導体産業の規模を「GDP比のたかだか一％にすぎない」とする見方はそのインパクトを過少に評価することになる。半導体はそれ自体の規模の数倍から数十倍の規模の産業に影響を与えるだけの「梃子の力」を持っているのだ。

まさに「半導体は一％産業にあらず！」なのである。

第4章

半導体の驚異的な進化

1　半導体の基礎知識

†半導体の様々な働き

半導体の最大の特徴は技術革新のスピードが速く、しかもそれが長年にわたって続いていることだろう。その驚異的な進化こそが産業や社会に大きな変革をもたらした大きな要因である。本章ではそのような進歩がどのような背景で起こってきたか、そしてどのように将来につながるかについて考察したい。

これまでのところ、本書では半導体とは何かということについて詳しく触れることもなく、ある程度は知られているものとして、マクロ的な形で話を進めてきた。本節においては、半導体の基本的な性質、種類や特徴などを含めた半導体の基礎知識について触れる。

「半導体」という言葉の意味であるが、これはもともと英語の"Semiconductor"に由来している。Semiは「半分」、Conductorは「(電気の)導体」である。つまり、電気の通し易さが、金属(金、銀、銅など)と絶縁物(ガラス、焼物など)の中間にあることから、「電気の通し易さが中程度」という意味で半導体と名づけられた。

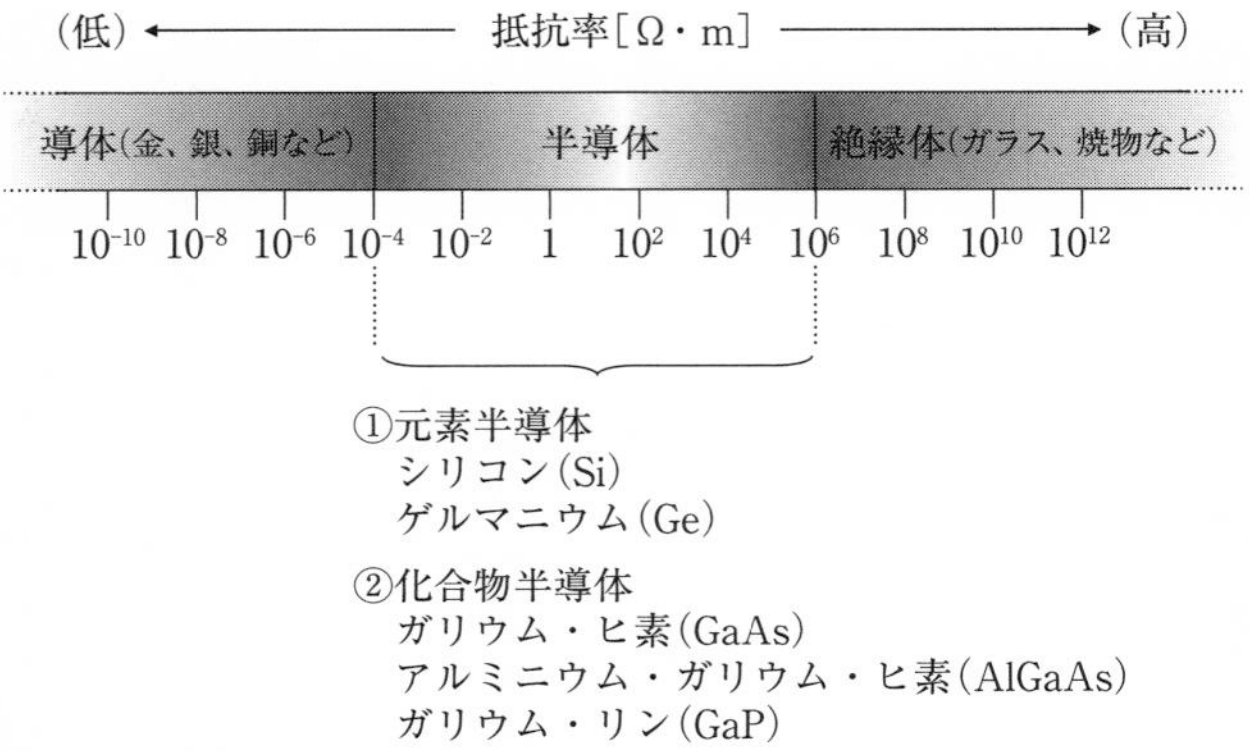

図4－1　導体・半導体・絶縁体の分類

図4－1に金属、半導体、絶縁体の電気抵抗率の範囲を示しているが、中間部分に位置するのが半導体である。

図内には半導体として分類される元素と化合物を示しているが、現在、半導体産業の中で最も広く使われている元素はシリコンである。このため米国では半導体メーカーが集結しているカリフォルニア州のサンフランシスコの南に位置するスタンフォード大学近辺の地域をシリコンバレーと呼んでいる。また日本では九州に多くの半導体工場が立地しているので、シリコンアイランドと呼ばれることがある。

しかし、歴史的に見れば、最初にトランジスタが作られたのはゲルマニウムを材料としたものであった。前述したが、日本ではこのトランジスタを改善していち早くラジオに使い、半導体産業が興るきっかけを作ったのである。

一方、化合物半導体は各々の特長を生かして、高性能パワーデバイス、マイクロ波デバイス、発光ダイオード、半導体レーザーなど、シリコンでは対応できないような分野に応用されている。

さて、半導体は添加する不純物によってP型（正電荷の正孔が電気を運ぶ）になったり、N型（負電荷の電子が電気を運ぶ）になったりすることができ、P型とN型を組み合わせることにより様々な働きが生まれる。ここではその代表的なものについて触れる。

●ダイオード

半導体デバイスの中で最も単純な構造を持つのはダイオードであり、二個の電極しかない。ダイオードはP型とN型の半導体を接合させた構造であり、電気を（P型からN型への）一方向のみに通す性質がある。これによって交流信号を直流信号に変えることができ、ラジオの検波段や整流器などにも使われる。

●トランジスタ

トランジスタには大きく分けてバイポーラ型とMOS型があり、通常三個の電極がある。

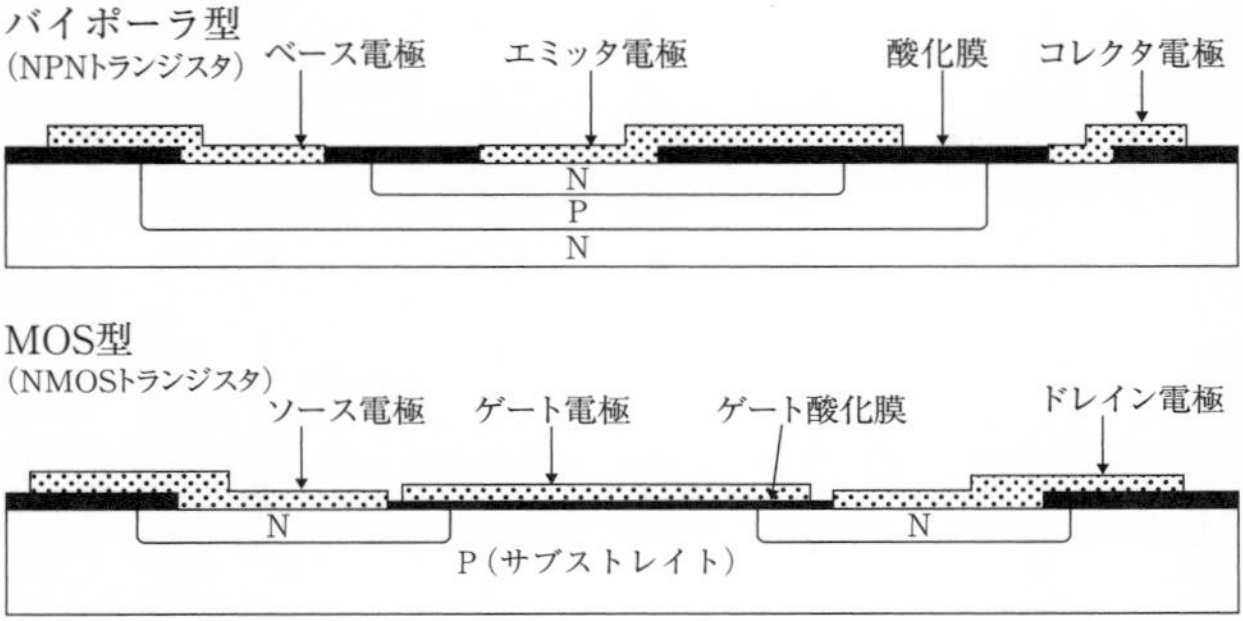

図４－２　トランジスタの断面構造

バイポーラ型の電極の名称はベース、エミッタ、コレクタであり、ＭＯＳ型ではゲート、ソース、ドレインと呼ばれる。図４－２にその断面構造を示している。

バイポーラ型は半導体をＰＮＰまたはＮＰＮの三層構造にしたものであり、縦方向に流れる電流を制御するデバイスである。

一方、ＭＯＳ型にはＮＭＯＳとＰＭＯＳがあるが、ＮＭＯＳ型の場合にはＰ型の基板に作られた二つのＮ型領域間を流れる横方向の電流を制御する方式であり、ＰＭＯＳではこの極性が反対になる。

また、現在の主流となっているＣＭＯＳはＮＭＯＳとＰＭＯＳとを一対として組み合わせたデバイスである。ＣＭＯＳのＣはComplementary（相補的な）に由来しており、日本語では相補型ＭＯＳと呼ぶ。ＰＭＯＳとＮＭＯＳとが相補的な形で動作し、消費電力を極小化することができる。第２章第３節で述べたように、当初はスピードが遅いという問題があったが、一九七〇年代末にはその問題が解決され、次第に主流のデバイスの地位を獲得していった。

トランジスタの基本的な働きは電気信号の増幅やスイッチングを行うことである。増幅作用によって、たとえば小さな音の信号を大きな音に変えることができる。また、スイッチング作用は電気を流したり（ON）、切ったりする（OFF）ことである。このONとOFFを0と1に対応させることによって二進数の演算を行うための基本的なデバイスとなる。この機能を使ってコンピュータを作ることが可能になったのである。

●IC（集積回路）

ICは上記のトランジスタやダイオードなどのほかに抵抗や容量などの電子部品を一つの基板に作りこみ、特定の回路機能を持たせたものである。今日の半導体産業の中心になっているのはICであり、市場規模では全体の八〇％以上を占める。ICの種類は極めて多岐にわたっているので、詳細は次節で取り上げることにする。

●光電効果

半導体に光を当てると光電子が作られ、光電効果と呼ばれるいろいろな現象が見られる。

その応用の一つが「電子の目」とも言われるＣＣＤやＣＭＯＳセンサであり、これらのデバイスはデジタルカメラ、スマホ、自動車、ロボットなど広い分野での応用が広がっている。さらに、太陽電池もこのような半導体の性質を利用したものである。

このようなデバイスは物質の本来的な性質を利用したものであり、ＩＣの場合と違って、必ずしも微細化加工技術に依存することはないことからモアザン・ムーア型デバイスと呼ばれることがある。次に述べる熱電素子や発光ダイオードも同様である。

●熱電効果

半導体によって熱エネルギーを電気エネルギーに、あるいは電気エネルギーを熱エネルギーに変換することが可能であり、これは熱電効果と呼ばれている。たとえばＰ型およびＮ型半導体と金属の接合部に温度差がある場合、起電力が発生する。これはこの現象の発見者の名前にちなんでゼーベック効果と呼ばれている。たとえば温度測定用の熱電対はこの原理に基づいている。

またこれとは逆にＰ型およびＮ型半導体と金属の接合部に電流を流した時、接合部で放熱および吸熱を生じる現象をペルチェ効果と呼ぶ。熱電冷却素子はこの効果を利用したものである。身近な例でいえば、小型のワインセラーも半導体を使ったものが市販されているが、これは半導体の世界がますます身近に来ていることの事例である。

●LED(Light Emitting Diode/発光ダイオード)

ICなど通常の半導体デバイスはシリコンで作られているが、LEDはGaP(ガリウム・リン)、GaAsP(ガリウム・ヒ素・リン)などの化合物半導体が使われる。このような材料を使ったPN接合に順方向電流を流すことによって発光が行われる。

以前から赤色、緑色のLEDはあったが、長い間、青色の実現ができなかった。一九九三年に日亜化学工業(当時)の中村修二によって窒化ガリウム(GaN)を使った青色LEDが開発され、商用化された。これによって赤、青、緑の三原色が揃い、あらゆる色が半導体によって作り出せるようになったのである。二〇一四年には青色LEDの基礎技術を開発した赤崎勇、天野浩および商用化に貢献した中村修二の三人がノーベル物理学賞を受賞した。

LEDの光は次第に明るくなってきているため、現在の電球や蛍光灯を次第に置き換えてゆくであろう。すでに交通信号機の赤、黄、緑はLEDによる置き換えが始まっている。

また半導体レーザーはLEDの兄弟デバイスでもあるが、さまざまな材料の組み合わせと構造上の工夫によって異なる波長のレーザー光を出すことができる。半導体レーザーの用途は大きく分けて光ファイバー通信用と光ディスク用がある。光ディスクはＣＤからＤＶＤへ、さらにBlu-ray Discへと大容量化が進んでいるが、これは半導体レーザーの波長を短くすることによって可能になったのである。

●MEMS（Micro Electro-Mechanical System）

半導体の機械的な性質を利用するのがＭＥＭＳであり、加速度センサや角速度センサ、カメラの手振れ防止、ＤＬＰ（Digital Light Processor）と呼ばれるディスプレイ・デバイスとしても使われている。ＭＥＭＳは自動車やロボットには必須のデバイスであり、これからの応用拡大が期待されており、半導体の新しいカテゴリーとして成長してゆくであろう。

2　半導体デバイスの分類

前節の記述からもわかるように、半導体には極めて多くの物質やデバイスがあり、さらには応用分野も非常に多岐にわたっているため、その分類の仕方も単純ではない。

図４－１に示すシリコンやゲルマニウムあるいは金属間化合物（GaAsなど）は「半導体材料」であるが、トランジスタやＩＣなどは「半導体デバイス」と呼ばれる。通常「半導

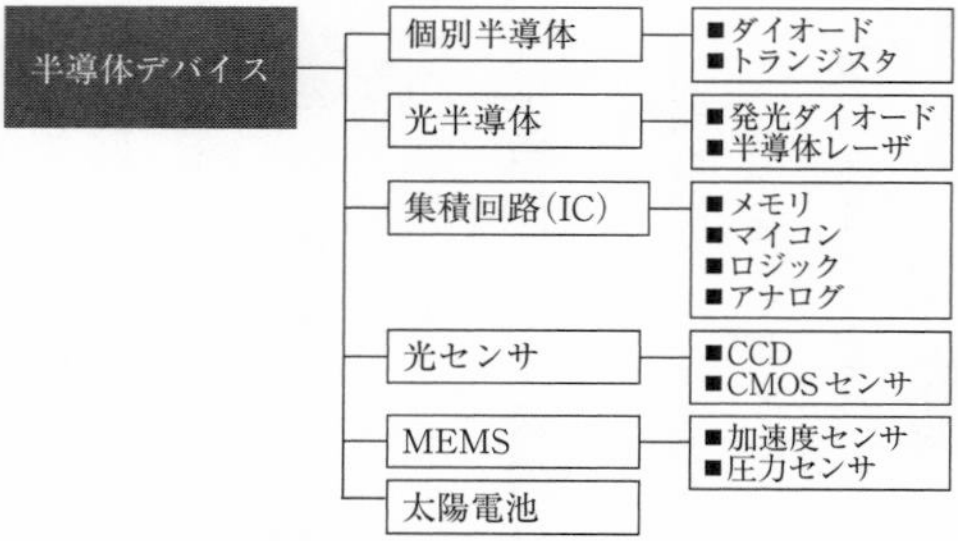

図4－3　半導体製品の種類

体産業」、「半導体市場」などという場合の半導体は後者を意味することが多い。

半導体デバイスはその機能、構造によって図4－3に示すように分類される。

この分類表の中で、今日最も多く使われているのはＩＣ（集積回路）であり、半導体全体の八〇％強を占めており、その中にはメモリ、マイコン、ロジック、アナログが含まれている。ＩＣは欧米においてはチップまたはマイクロチップと呼ばれることも多く、「チップ産業」がＩＣ産業または広く半導体産業を意味することもある。

†トランジスタ構造によるＩＣの分類

ＩＣには多くのトランジスタ、ダイオード、抵抗、コンデンサなどが集積されるがその中に使われるトランジスタの構造によって図4－4に示すように分類される。

今日、最も多く使われる構造はＣＭＯＳ型であり、ＰＭＯＳ型、ＮＭＯＳ型は歴史的な役割を終えたといえる。バイポーラ型は高周波や高出力の領域などで使われ、Bi-CMOS型（バイポーラとCMOS型の両方のトランジスタを使うIC）はアナログ信号とデジタル信号が混在する用途（ミックスド・シグナル用途）などに使われている。

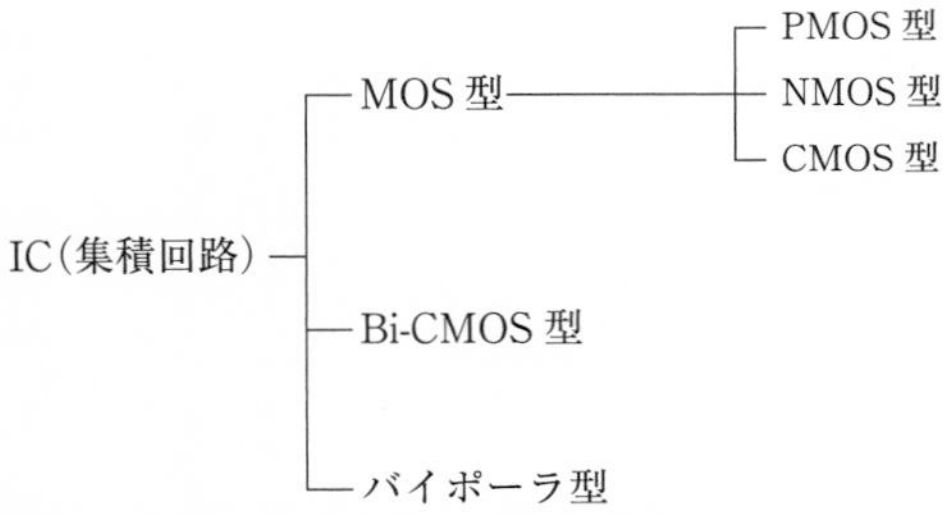

図4－4　トランジスタ構造によるICの分類

さらにICの集積度によっても次のような分類がなされる。

SSI（小規模IC）　一〇〇素子以下
MSI（中規模IC）　一〇〇〜一〇〇〇素子
LSI（大規模IC）　一〇〇〇〜一〇〇万素子
VLSI（超LSI）　一〇〇万〜一〇〇〇万素子
ULSI（超々LSI）　一〇〇〇万素子以上

3　半導体の進化についての視点

†進化についての三つの視点

トランジスタの発明からすでに七〇年以上が経過するが、

半導体の技術はいまだに進化を続けており、勢いに衰えが見えないことには驚きを禁じ得ない。

これから先どのような形の進化が見られるかを予想することは極めて難しいことであるが、その手がかりをつかむためには過去の進化の過程をよく調べる必要がある。これまでの半導体の進化に何か法則性のようなものがあるのか？　そしてあるとすれば、それはどのように将来につながっていくのだろうか？

以上のような点について考察を加えてみたい。

これまでの半導体の進化の過程をつぶさに調べてみると、次の三つの視点から捉えるのが適当ではないかと思う。

①突然変異的な進化

過去の延長としては考えられない突発的な革新であり、画期的な新製品の登場である。これまでに該当する事例は数多くあるが、産業構造を変えるほどの大きな事例としては第一にトランジスタであり、第二にＩＣ（集積回路）、そして第三がＭＰＵ（マイクロプロセッサ）を挙げることができる。これらの新製品は過去のものを陳腐化して新しい産業のパラダイムを拓いたという意味でディスラプティブ（破壊的）な革新であったといえる。

②指数関数的な進化

ＩＣの発明以来、チップ上に集積できる素子数は年とともに増大してきた。この増大のペースが指数関数的であることを最初に指摘したのはゴードン・ムーア（当時フェアチャイルド社、後インテル社社長、会長）であった。したがってこのような形の進化を「ムーアの法則」と呼ぶ。同氏がこの法則の着想を得たのは一九六五年であるが、それから五〇年以上を経た今日でも依然としてその法則が生き続けていることには改めて驚きを感じる。ムーアの法則については後ほど詳細を述べる。

③サイクル的な進化

あらゆる産業において「顧客満足」は事業経営の基本であるが、それをどのように実現するかは技術レベルや市場の動向などの時代背景によって変遷が見られる。すなわち、カスタム化指向（客に言われたものを作る）の風潮と標準化指向（あらかじめ備えてある標準品を売る）の風潮が入れ替わる現象である。ファッション分野などについてもそのような傾向が言われることがある。たとえば一九八〇年代のオートクチュール（高級注文服）の時代にプレタポルテ（高級既製服）の流行が始まったことであるが、前者はカスタム化指向、後者は標準化指向である。

筆者がこのようなサイクル的な傾向を着想したのは一九八七年であったが、その四年後の一九九一年に英国の業界紙（*Electronics Weekly*）によって取り上げられ、そのときに「牧本ウェーブ」という名前がつけられた。

4 半導体史上の三大革新

本節においては「突然変異的な進化」の事例として半導体史上の三大革新、トランジスタ、IC（集積回路）、MPU（マイクロプロセッサ）を取り上げる。それぞれの革新がどのような背景のもとで、どのように進められたかのドラマを紹介したい。

†トランジスタの発明

今日の半導体産業の起源とも言うべき最初の「突然変異」はベル研究所（米）におけるトランジスタの発明である。真空管に変わる新しい固体素子の可能性についての幅広い研究の成果として生み出されたものである。この研究の推進役を果たしたのは一九三六年にベル研究所の研究部長に就任したマービン・ケリーであった。ケリーは長く真空管の改良研究に携わっていたが、真空管についての限界――サイズの大きさ、フィラメントを加熱するための電力消費、短い寿命など――を感じ、抜本的に違う原理に立脚したデバイスの開発を目指したのである。そのために「固体物理研究グループ」を組織し、ウィリアム・ショックレー、ジョン・バーディーン、ウォルター・ブラッテンなどを中心にその研究にあたらせた。

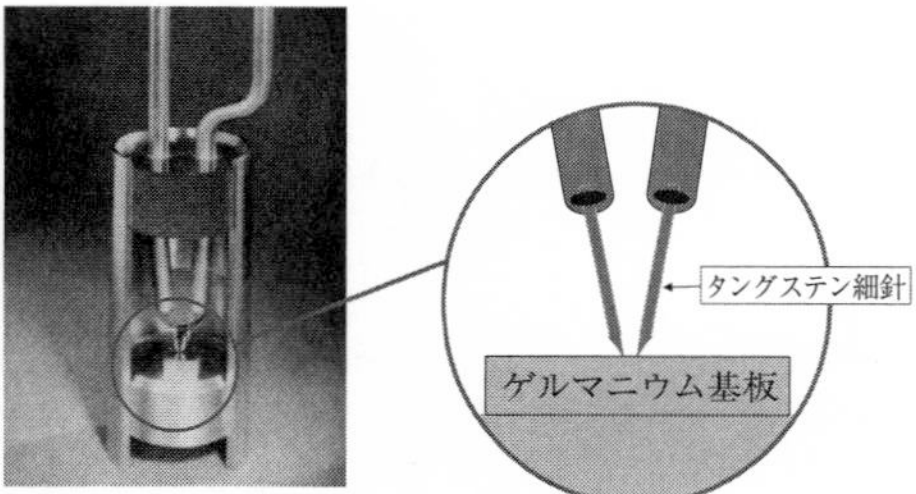

WEが製造した点接触型トランジスタ

図4-5　最初のトランジスタ

一九四七年一二月にトランジスタが発明され、同月二三日に内部公開が行われた。クリスマスの直前であったため、「トランジスタは二〇世紀最大のクリスマス・プレゼント」といわれている。

発明された当時のトランジスタ構造を図4-5に示すが、ゲルマニウムの基板（ベース）に二本のタングステン針（おのおのエミッタ電極とコレクタ電極）を近接して接触させたものであり、点接触型トランジスタと呼ばれた。図4-2に示した今日のトランジスタとはまったく異なるものだったのである。この発明者はバーディーンとブラッテンであり、ショックレーの名前は含まれていなかった。

トランジスタが一般の新聞等に公表されたのは発明から半年後の一九四八年六月三〇日であったが、そのときの世の中の反応は冷たいものであった。たとえばニューヨーク・タイムズ紙は翌日の朝刊で「トランジスタと名付けられたこの新しい電子部品は、ラジオなど真空管を使っている各種の電子機器に応用できる」という小文の記事を紹介しただけであった。

後から見ればこの発明はいわば半導体産業のビッグバンとも言うべき大発明だったが、点接触型の構造のままでは信頼性、再現性に乏しく、例外的な場合を除き実用化は困難であった。発明者に名を連ねることができなかったショックレーは奮起して、実用に耐えるトランジスタについて考察を重ね、一九四九年に「接合型トランジスタ」のアイデアに到達した。しかし、それを実際に作ることは難航し、試作に成功したのはアイデアから二年後の一九五一年七月であった。ここに至って初めて真空管を置き換えうるトランジスタ時代の幕開けとなった。

このような業績により一九五六年にショックレー、バーディーン、ブラッテンの三人にノーベル物理学賞が与えられたのである。

ベル研究所では一九五一年九月にトランジスタについての第一回シンポジウムを開き、点接触型および接合型トランジスタの詳細を一般に披露した。そしてトランジスタの特許を管理するＷＥ（ウエスタン・エレクトリック）社はこの特許を二万五〇〇〇ドルで公開することにした。

同社が特許料を支払った企業を対象にして第二回シンポジウムを開いたのは一九五二年四月であった。この時の発表内容の記録が『トランジスタ・テクノロジー』としてその年の夏に発刊された。これはそれ以後の世界における半導体研究のバイブルのような役割を果たすことになったのである。日本でもこの本が半導体をはじめる企業や研究所にとって大事な役割を果たしたことは言うまでもない。

†シリコンバレーの起源

さて、接合型トランジスタの開発によって、ラジオなどの応用分野が拓け、トランジスタ産業がようやく離陸するきっかけができたのであるが、その後も画期的なデバイスの開発が続いた。中でも特筆すべきは、一九五四年にシリコントランジスタの開発がＴＩ社から発表されたことである。これによって使用温度の範囲、電流容量、高電圧耐性は著しく改善され、テレビへの応用にも道を拓くことになった。また、一九五五年のメサ型トランジスタの開発によってベース領域の幅をそれまでの構造よりもはるかに薄く、また均一にできたので、高周波特性は格段に改善され、テレビのチューナーにも使用できる可能性がでてきた。

さて、ここで後日談を紹介しよう。ショックレーは極めて優れた頭脳の持ち主であった反面、猜疑心が強く対人関係をうまく築くことができなかった。そのためトランジスタ発明者の一人、バーディーンは一九五一年にベル研究所を去ってイリノイ大学へ移り、ブラッテンもショックレーとは別のグループに移った。一方、ショックレーは自分で半導体の会社を設立すべくスポンサーを探し、計測器メーカーを経営するアーノルド・ベックマンに出会って助力を求めた。その合意を得て「ショックレー半導体研究所」をスタンフォード大学の近く、パロアルトに設立したのは一九五六年二月であった。これがシリコンバレーの起源であると言われている。

二五人の社員の中には後のインテルのトップになるロバート・ノイスやゴードン・ムーアをはじめとして錚々《そうそう》たるメンバーが含まれていた。しかしショックレー研究所においても同氏の偏った性格が原因で社員との間にもめごとが絶えず、経営的には問題を含んでいた。そしてついに一九五七年に、ロバート・ノイスを中心とする八名がまとまって退社し、フェアチャイルド半導体を設立した。彼らはショックレーによって「八人の裏切り者」というレッテルを貼られることになったが、後の世界半導体の発展の礎を築くほどの活躍をしたのである。

トランジスタの発明の過程で「偶然」の要素がなかったとは言えないものの、この発明を生み出したのは、「大会社（AT&T）の基礎研究部門（ベル研究所）が組織的に行った研究の成果」と言えるであろう。しかし、半導体進化の「突然変異」の多くは必ずしもこのようなパターンで生み出されたものではない。以下二つの事例はまったく違ったパターンで生み出されたのである。

†IC（集積回路）の発明

ICの発明については紆余曲折のドラマがあった。最初にそのアイデアに到達したのはTIのジャック・キルビーであり、一九五八年七月二四日のことであった。この日付からもわかるように、その日は夏の盛りであり、同僚のほとんどは夏休みをとっていた。当時三四歳の彼は、入社して間もないために、休暇をもらうことができず、ただ一人実験室に残ることになったのである。世紀の大発明はまさにこの時に生まれた。

その当時、トランジスタの発明から一〇年が経過し、半導体は軍需応用、コンピュータ、民生機器などいろいろな分野に広がろうとしていた。システムが大型化し、複雑化するにつれて問題になってきたのが、部品間の相互結線の数の増大であった。そのために、システムの性能、コスト、信頼性、サイズのすべてが大きな制約を受けることになる。この問題は“Tyranny of Numbers”(数の暴威)と呼ばれ、産業界の共通問題として、いろいろな角度から対応策が進められていた。

TIにおいても軍との共同開発としてマイクロモジュール方式が推進されていた。この方式はトランジスタのような能動素子と容量、抵抗などの受動素子を基板上に高密度に取り付けることを基本としていた。キルビーはこの方式に疑問をいだき、これを超える独自の方式について思案を重ね、その結果として「モノリシック集積」のアイデアに到達した。モノは一つの意味であり、リシックは石を意味するので、「モノリシック集積」は一枚の半導体基板にすべての素子を集積するという画期的なアイデアであった。このアイデアをベースにして作られた発信器は同年九月一二日に幹部が見守る中で見事に作動した。これを契機にTI社はマイクロモジュール方式に代えて、キルビーが考案したモノリシック方式を本命として推進することにしたのである。

一方、フェアチャイルドのロバート・ノイスはほぼ半年遅れの一九五九年一月二三日にプレーナ技術をベースにしたICの基本概念を考案し、研究ノートにそれを記した。キルビーに遅れをとったとはいえ、ノイスの発明の方が今日のICの実現には不可欠な基本要素を含んでいた。すなわち、キルビーもノイスも一枚の半導体基盤にすべての回路部品を搭載するというところでは同じであるが、キルビーは部品間を接続するために細線をボンディングしていた。これに対してノイスの方式はプレーナ方式と呼ばれ、部品間の相互結線を基板に蒸着された薄膜で行った。キルビーの方式はICの基本原理を示すものではあったが、実用化の観点からはノイスの方式が格段にエレガントであった。両者とも特許出願によってその権利を主張した。

†ICの発明者はキルビーかノイスか?

「ICの発明者は誰か?」をめぐって、この後一〇年にわたって法廷闘争が繰り広げられた。激しい係争の後、TIとフェアチャイルドのトップによる頂上会談において、IC発明の特許はキルビーとノイスとが共有する形となって決着をみたのである。

キルビーは二〇〇〇年にノーベル物理学賞を受賞したが、このときすでにノイスは他界していたため、キルビーの単独受賞になったものと思われる。彼自身も折に触れて「ICについてはノイスも類似のアイデアを持ち、実現手段も考案していた」と述べていることから、ノーベル賞についても二人で分かち合いたいという気持ちがあったのかもしれない。

この発明からわれわれが学ぶことは半導体における「突然変異」は必ずしも大勢の人数をかけた研究から生ずるものでなく、問題を深く掘り下げる能力を持つ個人の洞察力が何よりも大事であることを示唆している点だと思う。

さて、最初にICを商品として発売したのはフェアチャイルドであり、一九六一年のことであった。能動素子としてバイポーラ・トランジスタを使ったバイポーラICである。これに続いてICの分野においてはいろいろな技術開発が行われ、半導体技術革新の中核となった。一九六四年にはTI他からPMOSトランジスタをベースにしたPMOS　ICの発表があり、続いて一九六八年にはRCAからCMOS　ICの発表があった。CMOS　ICは消費電力が極めて小さいという特徴があるものの、スピードが遅くまた高価であったため、初めは軍用などの特殊分野への応用に限られていた。CMOS　ICが大量生産されるきっかけとなったのは日本における電卓と時計への応用である。また、CMOS型の高速化についても日本が先導する形で開発・実用化を進めた結果、今日ではこの型がICの主流となっており、ほとんどの応用分野をカバーするまでになっている。

†マイクロプロセッサの製品化

インテルが四ビットのマイクロプロセッサ（MPU）4004を市場導入したのは一九七一年一一月であるが、この「突然変異」が生まれた経過もこれまでの事例とはまったく異なるドラマティックなものであった。

同社が設立されたのは一九六八年七月であるが、それから間もない一九六九年に日本の電卓メーカー日本計算機販売（通称ビジコン）から電卓用ＬＳＩの注文を受けたのがきっかけである。ビジコンでは異なる仕様の電卓を品揃えするために、ＬＳＩのチップは一三種類もあり、会社設立後間もないインテルでは技術者不足のためこれを一挙にこなすことは難しかった。

このプロジェクトを担当したテッド・ホフは違う角度からこのプロジェクトに取り組んだ。つまり全部のチップを別々に開発するのではなく、メモリとプロセッサをうまく組み合わせ、メモリのプログラム内容を変えることで異なる仕様に対応すれば、少数のチップの開発でまかなうことができることを着想したのである。ビジコンから派遣された嶋正利とともにこのアイデアに基づいて製品化したのが４００４であり、ビジコンではすぐにこれを使って電卓を作り販売した。

このチップの開発費はビジコンが負担したため、その販売権はビジコンが持っていたが、皮肉にもそのころから電卓市場は激しい乱戦となり、経営的に苦しくなったビジコンはその権利をすべてインテルに売り渡すことになった。

４００４の販売権を得たインテルではこの製品を電卓だけでなく、いろいろな応用分野に拡販し、これまでカスタム設計されていたシステム開発のやり方をＭＰＵとメモリの組み合わせで対応するという画期的な方法を確立したのである。

インテルでは四ビットの4004に続いて、次々に新しいアーキテクチャの製品を世に送り出した。一九七二年には八ビットMPU（8008）を発売し、続いて一九七四年には同じく八ビットの8080を導入した。このMPUには、これまでのPMOSに代わって、初めてNMOS技術が使われ、性能が飛躍的に向上したため大ヒット商品となった。しかし、インテルのその後の運命を大きく変えるほどのインパクトを持つ製品は一九七九年五月に出された8088（八ビットMPU）であり、それは電子産業の構造転換のきっかけにもなったのである。

†パソコン市場への導入

8088はIBMのPC（パソコン）に採用され、マイクロソフトのOS（MS—DOS）とともに、パソコンの標準基幹部品となった。IBM PCの市場導入は半導体産業、コンピュータ産業に極めて大きな影響を与えることになった。その前に発売されていたアップルのパソコンは閉じたアーキテクチャであったため、他のメーカーは同じ製品を作ることはできなかったが、IBMの場合にはオープン・アーキテクチャとしてその仕様を公開したので、インテルのMPUとマイクロソフトのOSを使って多くのメーカーがIBM互換機を作るようになった。これによってパソコン産業は急速に立ち上がり、「デジタル革命」といわれるほどのインパクトをもたらすことになった。そして、デジタル化の広がりは産業構造の水平分業化を促進し、それまでにメインフレーム・コンピュータやテレビ、VTRなどを中心に進められてきた垂直統合型の産業構造とはまったく異なる方向へ発展することになったのである。

インテルでは8088に続いて一九八二年に一六ビットMPUの80286を発売、一九八五年に80386、一九八九年に80486と続き、これらの系列はx86と呼ばれた。一九九三年以降はx86の呼称をやめ、新たにペンティアム・プロセッサとなってその系列展開が進められている。

インテルはメモリについても先駆的な役割を果たしたが、一九八五年一〇月に半導体大不況の中でDRAM事業から撤退し、MPU分野に集中することを決断した。その後パソコン市場の急速な拡大に伴い、その心臓部を握るインテルの業容もこれに連動して伸張し、ついに一九九二年には世界トップの半導体メーカーとなった。以上のような展開を見てもMPUの製品化がいかに大きなインパクトであったかを読み取ることができる。

このような偉大な製品への貢献者に対して、一九九七年に稲盛財団から京都賞が贈られることになった。その時の受賞者に選ばれたのは次の四名である。

フェデリコ・ファジン（４００４のプロセス技術担当）
マーシャン・エドワード・ホフJr.（４００４の設計開発担当）
スタンレー・メイザー（４００４の設計開発担当）
嶋正利（ビジコンからの派遣者として４００４の共同開発担当）

以上の事例は半導体の歴史における三大革新と呼ぶことができる。この三つの大きな飛躍によって半導体は次から次へと新しい産業を生み出してきた。それ故に「半導体は現代文明のエンジン」と言えるほどの重要性を持つようになったのである。

5 ムーアの法則

†ムーアの優れた洞察力

半導体の進化で最もよく知られているのは「ムーアの法則」であろう。この法則で言われていることは「チップ上に集積できる素子の数は年とともに指数関数的に増大する」ということである。

「ムーアの法則」は元インテル会長のゴードン・ムーアが最初に言い出したことから付けられた名前であるが、そもそもの由来について紹介したい。

同氏がまだフェアチャイルドの研究開発のトップの地位にあったとき、*Electronics* 誌の一九六五年四月一五日号に "Cramming More Components into Integrated Circuits"（集積回路にもっと多くの素子を詰め込む）と題する論文を寄稿した。

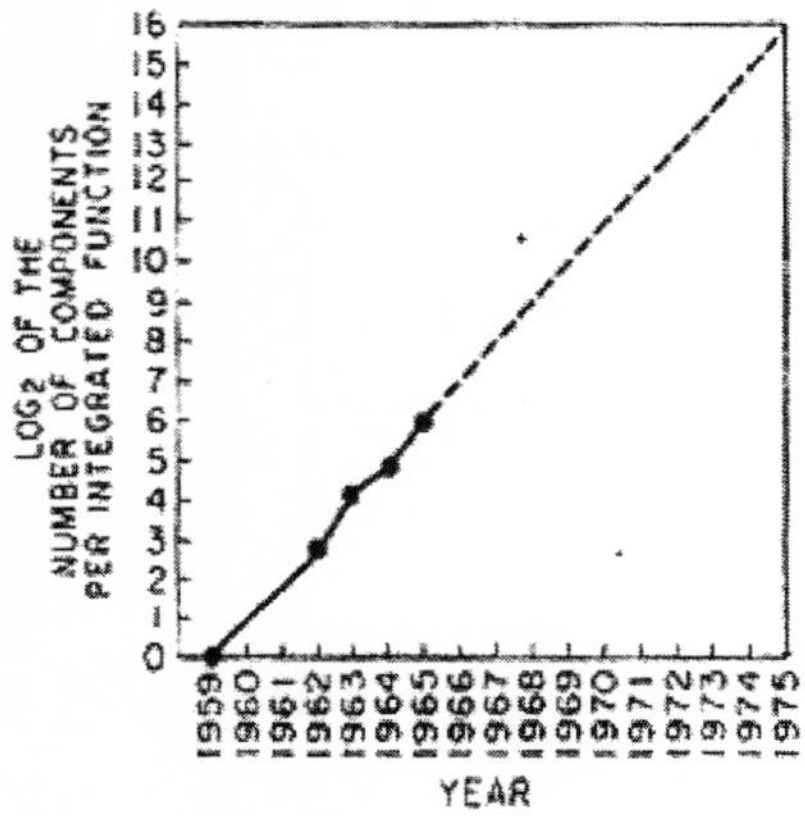

図4-6　ムーアの法則の原点（1965年）

この当時の一チップあたりの集積度は六四個程度だったが、同氏は過去のトレンドを延長することによって、一〇年後の一九七五年には六万五〇〇〇個の素子を集積できるという予測をしたのである。その予測においてユニークだったのは、図4-6に示すように横軸には年度をとり、縦軸には二を底とする対数をとったことである。すなわち、縦軸には一、二、四、八、一六……と倍々の数値を等間隔で並ぶようにしたのである。

そして、一九五九年の集積度を一としてそ

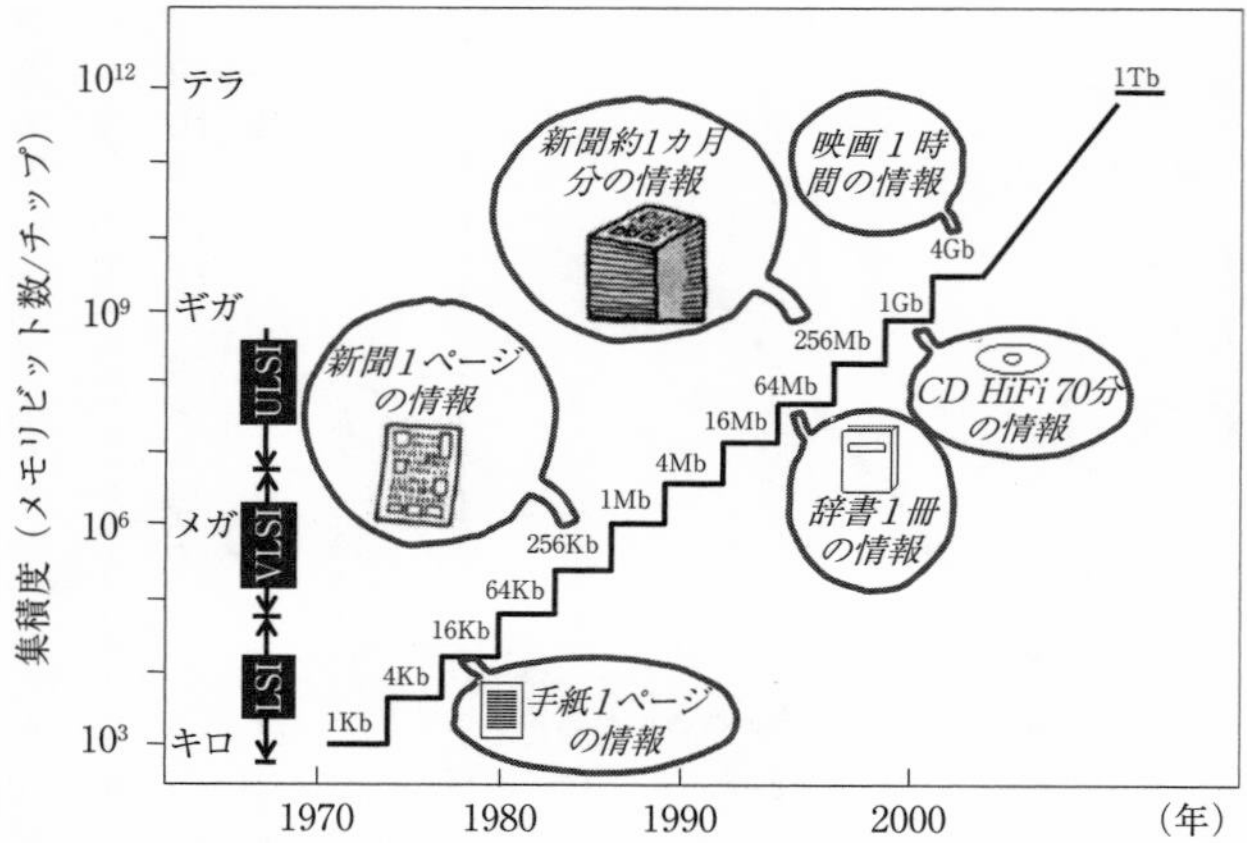

図4-7　半導体メモリの進展

の後の推移をプロットしたところ、見事に四五度の直線に乗ることを見出した。こうして「ICの素子数は一年ごとに二倍になる」ということを発見したのである。これがムーアの法則の原点である。とは言うものの、ICが作られてから数年しか経っていない時期なので、プロットの数は全部で五個しかなかった。これを大胆にも一〇年間延長したところ、前述のように六万五〇〇〇個の素子数になったのである。

このような指数関数的進化をもとにして、ムーアはICによってこれまでは考えられないような新しいものができるであろうと論文の中で予測している。その中にはたとえば、ホーム・コンピュータ、個人持ちの携帯端末、半導体メモリを使った高性能コンピュータなどが含まれている。パソコンもまだ出ていないこの時期にあって同氏の洞察力がいかに素晴らしいものであったかをうかがわせるものである。

さて、ムーアが最初に示したトレンド線では集積度の進歩の速度は「一年ごとに二倍」だったが、時が経つにつれてこのペースは速すぎること、またメモリのような規則性の高い製品とロジックやマイクロプロセッサのような複雑な製品とでは増大のペースが異なることなどもはっきりしてきた。現在のムーアの法則は「チップに集積できる素子数は一・五年から二年で二倍になる」と表現されている。

図4-7にメモリの集積度の推移を示すが、三年ごとに四倍（すなわち一・五年で二倍）の容量の新世代メモリが登場してきていることが読み取れる。図内には日常的な事例を取り上げて、どの情報がメモリの何ビットに相当するかを示しているが、この図からもムーアの法則をベースにした半導体の進化のスピードがいかに速いかを感知することができる。

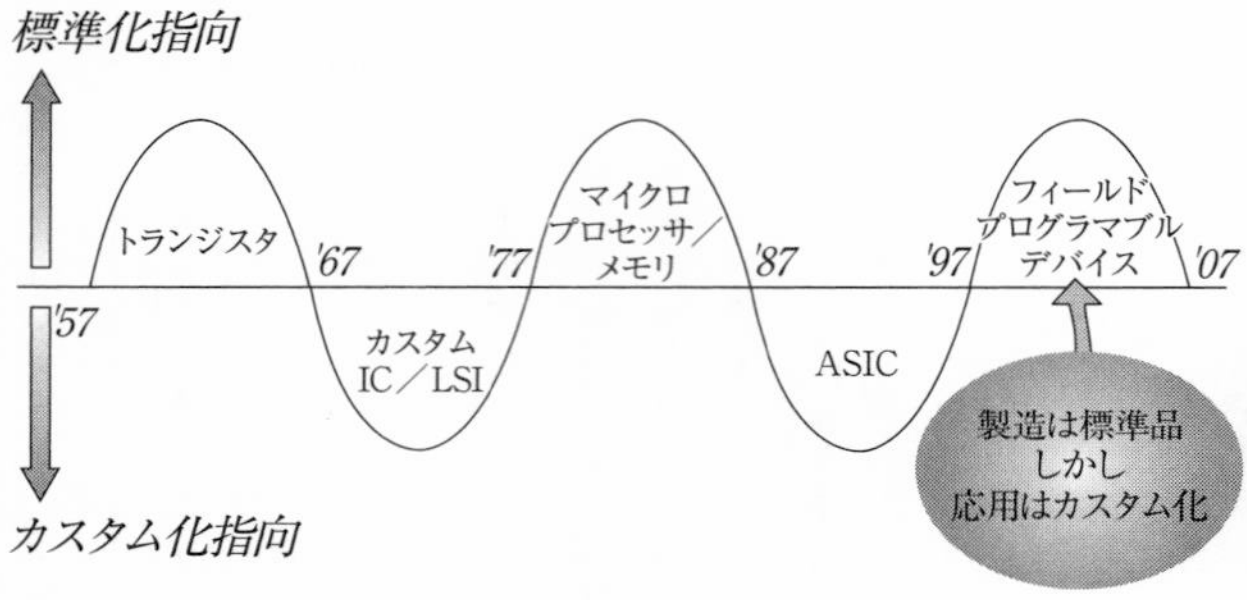

図４－８　牧本ウェーブ
出典：Electronics Weekly, Jan., 1991

6 「カスタム化」対「標準化」

†牧本ウェーブ

半導体の技術は突然変異的に進化することもあれば、指数関数的に進化することもあるが、それによって標準化指向とカスタム化指向との間に変化が生まれ、顧客満足への対応の仕方が変わってくる。前述の「牧本ウェーブ」はこのような変化が周期的に起こることを表現したものであり、図４－８に示すようにほぼ一〇年ごとに「標準化」と「カスタム化」とが入れ替わることを示している。

筆者がこのウェーブの着想を得たのは一九八七年であるが、ちょうどメモリの生産過剰で市況が悪化し、標準品のみを作ることに対して警鐘が鳴らされていた頃である。LSIロジックなどのベンチャーが立ち上がり、ASIC（Application Specific IC）という言葉が新しいトレンドを象徴していた。すなわち、応用分野ごとに特化したICがこれからの新しい流れだといわれたのである。筆者はこれまでの傾向を「標準化対カスタム化」という見地から見直すと、次のように区分できることを着想した。

一九四七年〜五七年　半導体産業の揺籃期
一九五七年〜六七年　トランジスタ中心の「標準化指向時代」
一九六七年〜七七年　電卓用LSIなどの「カスタム化指向時代」
一九七七年〜八七年　マイクロプロセッサ・メモリ中心の「標準化指向時代」

そしてこのような過去のトレンドをさらに延長して次のような予測を織り込んだ。

一九八七年〜九七年　ASICがリードする「カスタム化指向時代」
一九九七年〜二〇〇七年　フィールド・プログラマブル・デバイスがリードする「標準化指向時代」

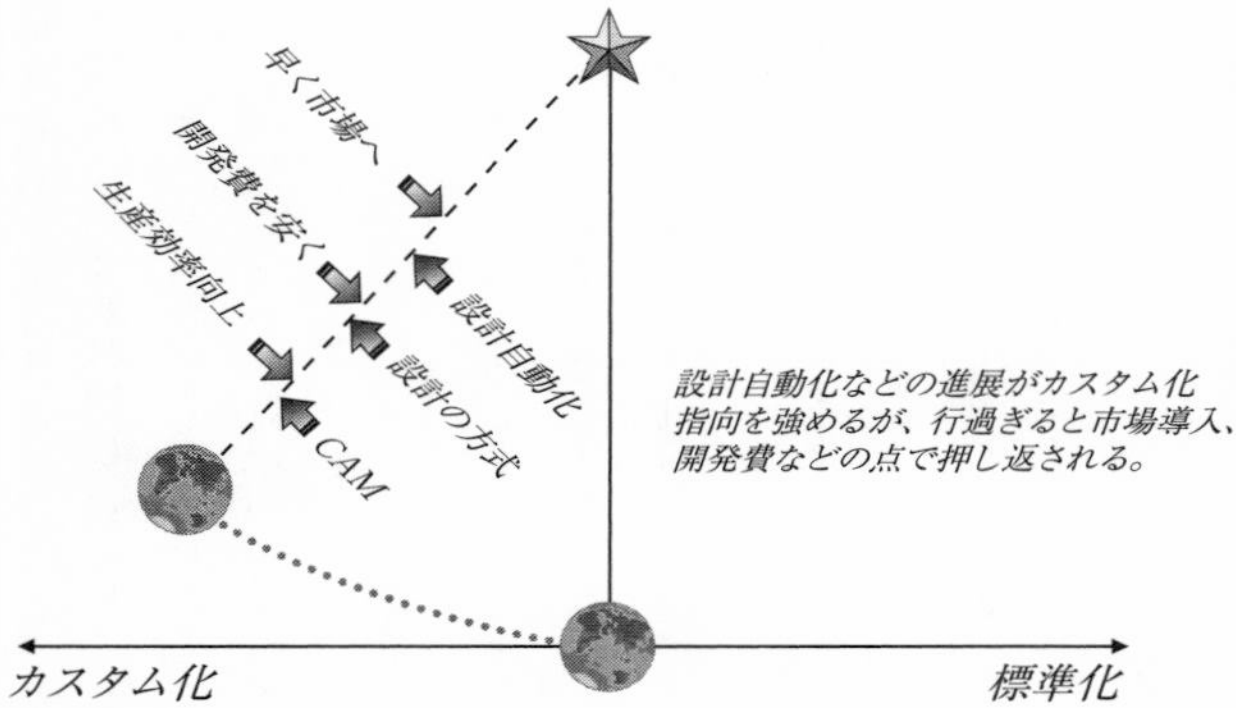

図4-9　カスタム化へ揺れる振り子

今日の時点から振り返ってみれば、一九八七年頃からはASICを中心とするカスタム指向の製品が急速な立ち上がりを示し、一九九七年前後からFPGA（フィールド・プログラマブル・ゲート・アレー）を中心とするプログラマブル製品が急速に立ち上がった。

日立ではこの時期にフィールド・プログラマブルなF-ZTATマイコンを市場導入し、マイコンの新しいトレンドを作った。Fはフラッシュの意味であり、ZTATはTAT（ターンアラウンドタイムズ）がゼロの意味である。このマイコンは従来のマスクROMの部分をフラッシュ・メモリに置き換えたものであるが、これによって顧客は自分でプログラムを書き込むことができる（これがフィールド・プログラマブルの意味）ようになり、極めて短期間で新製品の市場導入が可能になった。

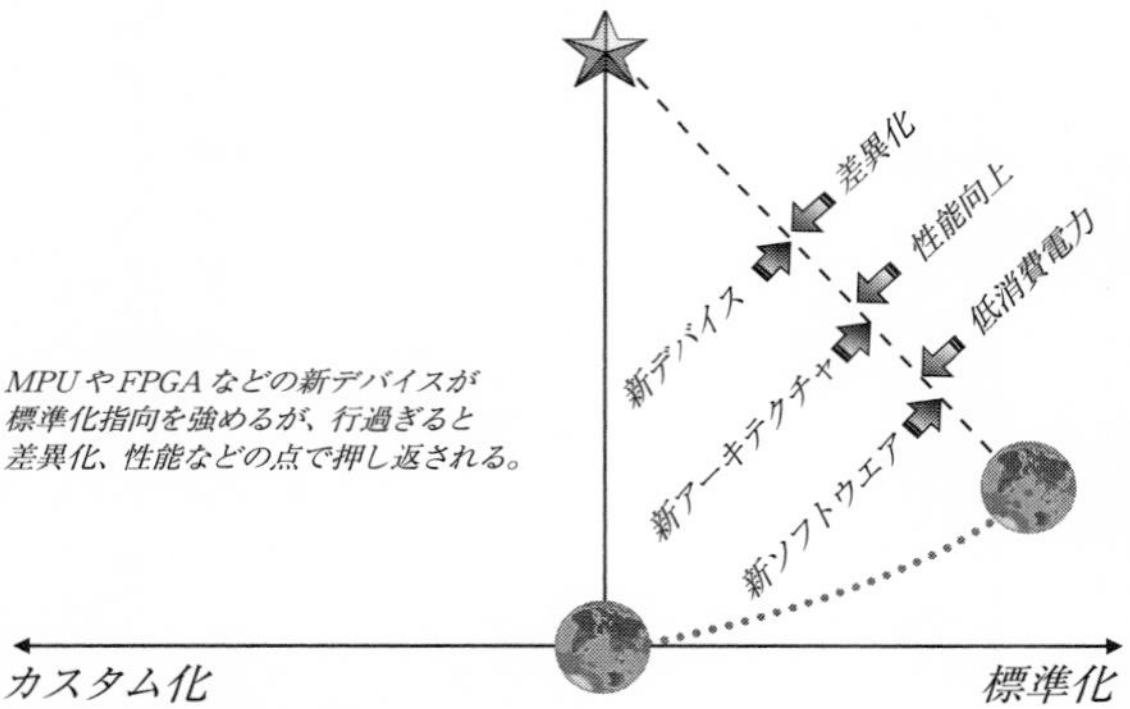

図4-10　標準化へ揺れる振り子

このような事例からみて、牧本ウェーブはおおむね正鵠を射ていたものと判断される。

半導体の振り子

さて、半導体の動向が「標準化」と「カスタム化」の間を揺れ動くのはどうしてなのか？　このことについて説明するために考案されたのが「半導体振り子」のモデルである。

図4-9はカスタム化に向かう振り子を示す。設計自動化の技術（EDAのツールなど）や新しい設計のメソドロジー（たとえばゲートアレーなど）の出現によってカスタム化が容易になるので、振り子はカスタム化の方に押されるが、行き過ぎると「もっと早く市場導入したい」、「もっと開発費を下げたい」などの顧客ニーズによって反対側に押し戻される。

図4-10は反対に標準化に向かう振り子を示して

いる。MPUやFPGAなどの新しいデバイスは振り子を標準化の方に押す力になるが、これが行き過ぎると「もっと差異化を図りたい」、「もっとローパワーにしたい」、「もっと、性能を上げげたい」などの顧客ニーズによって、振り子は原点の方に押し返される。このようなことを繰り返しながら、振り子は半導体の技術進歩やマーケット構造の変化によって、標準化とカスタム化の間を二〇年のサイクルで揺れ動いてきたことになる。

†GAFAも作る半導体

一九九一年に公表された「牧本ウェーブ」の時間軸は二〇〇七年までの標準化指向で終わっているが、これに続いて、二〇〇七年頃からはカスタム指向の波が立ちあがっており、サイクル的な傾向はなおも続いているものと思われる。

二〇〇七年頃からのカスタム化の流れを作ったのはアップルである。同社はスマホ（iPhone）の開発に当たって市販されている半導体を使うことなく、自社向けに専用半導体を作った。当時の最先端半導体の能力をフルに活用することによって、「電話を再発明する」ことに成功したのである。それ以来、アップルでは自社向けの重要な半導体デバイスは自社で作る方針を貫いている。パソコン向けマイクロプロセッサもこれまではインテルのものを使っていたが、最近では自社設計のものに切り替えた。これによって他社製品に対して性能や消費電力の面で優位となり、ビジネスの成功につながっている。

アップルに続いてグーグルは二〇一五年にＡＩ半導体としてＴＰＵ（テンサー・プロセシング・ユニット）を開発し、自社製品に活用して成果を上げた。これはディープラーニング向けの専用プロセッサとして開発されたもので、韓国のプロ棋士イ・セドルに勝利したAlphaGo（アルファ碁）にも使われた。最近では自社のスマホ向けのアプリケーション・プロセッサも自社で開発したと言われている。

また、アマゾンではデータセンター向けＣＰＵを開発して実用に供しており、フェイスブックは自然言語処理に特化したＡＩ半導体の開発に着手したと報じられている（『日本経済新聞』二〇二一年八月三日付）。

ＧＡＦＡと言われる前記の巨大ＩＴ企業がこぞって半導体の内製化を強化する動きとなったのは、自社のシステムの優位性を保つために半導体が生命線となっているからだ。このような動きから半導体が現代文明のエンジンとしていかに重要な役割を果たしているかをうかがい知ることができる。

一方、クアルコムはスマホ向けアプリケーション・プロセッサのリーダーであるが、この製品はＡＳＳＰ（Application Specific Standard Product／応用分野特化型標準品）と呼ばれ、スマホ市場の複数の顧客向けに提供される。これはＡＳＩＣ（Application Specific IC）の一つとされるが、完全なカスタム製品ではなく、汎用性を持つ標準品でもない。カスタム化と標準化の双方のよいところを併せ持った製品であると言えよう。

カスタムか？　標準か？　この問題は半導体産業が続く限り問い続けられるテーマではないかと思われる。

第5章 日本半導体の盛衰

1　米国に学ぶ

†日本における「半導体事始め」

過去半世紀以上にわたる半導体産業の黎明期から発展期にかけて、画期的といえる大発明の多くは米国でなされた。日本はそれらの成果をいち早く導入して消化し、さまざまな改良を加えると共に新しい応用分野を拓く上で貢献することが多かった。

トランジスタの発明は戦後間もない一九四七年であり、公開されたのは翌一九四八年六月であることは先に述べたが、これは米国における公開であり、日本に伝わってきたのは極めて限られたルートを通じてであった。当時の日本は米軍の占領下にあり、今日のように世界の情報に接することは容易ではなかったのである。

『日本半導体50年史』（産業タイムズ社、二〇〇〇年）によればトランジスタ発明の情報を日本で最初にキャッチしたのは東北大学教授の渡辺寧と電気試験所の清宮博、吉田五郎の三人であったという。その情報を渡したのはベル研究所出身でGHQ（連合軍総司令部）のジョン・ポーキングホーンで、彼は日本の通信技術関係者と接することも多かった。やがてトランジスタのニュースは日本中に広がり、各企業においても関心を持つ人が増えていった。そのような人たちを中心にして、私的な「トランジスタ勉強会」が定期的に行われるようになった。その勉強会には電気試験所、東北大学の他に東京大学、東芝、日本電気、日立などから日本半導体の先駆者が集まった。いわば江戸時代における杉田玄白らの『蘭学事始』のような形で、トランジスタの研究がスタートしたのである。

この時期、文献の入手も簡単ではなかった。日立半導体の草分け的な存在ともいえる伴野正美は次のように言っている（『日立武蔵工場新聞』より）。

「一九四九年秋に接合トランジスタについてのショックレーの論文が出たとき、その雑誌はGHQの図書館にしかなかったので、手分けして出かけていって筆写してきた」。

日本におけるそのような動きの中にあって、一九五二年四月にベル研究所は米国でトランジスタに関する二週間のセミナーを開いた。このときに使われたテキストが『トランジスタ・テクノロジー』であり、これは当時半導体に携わる人にとって、まさにバイブルとも言える貴重な文献となったのである。

この頃から日本においてもトランジスタは学術的な関心を通り越して、事業化の対象として捉えられ、それぞれの企業が米国の先進メーカーと技術導入契約を結ぶことになる。東芝、日立はＲＣＡと技術契約を結び、ソニー（当時、東京通信工業）はＷＥ（ウエスタン・

エレクトリック）と特許契約を結んだ。

一九五〇年代から六〇年代にかけては半導体技術について「日本が米国に学ぶ時代」であったと言えよう。学ぶルートは大きく分けて三つあった。一つは技術契約をベースにした技術者の派遣であり、二つ目は米国大学への留学、そして三つ目は学会を通じてであった。

†技術者派遣

技術導入契約が結ばれた後、日本の各社は優秀な人材を提携先に送りこんで技術の習得に努めた。たとえばソニーではトランジスタ開発の責任者となった岩間和夫がWEに長期出張して、詳細な技術調査を行い、丹念なレポートを作成した。これは社内で「岩間レポート」と呼ばれて、今日でも大事に保管されている。

また日立の場合には前出の伴野が先駆けとなったが、次のように述べている。「一九五四年に技術習得のためRCAに出張した。RCAにおいてもトランジスタの生産は問題が多発しており大騒ぎになっていた。その中に飛び込んで討論することができたのは望外の幸いであった」。

このような形の技術者派遣では数カ月から一年に及ぶこともあり、米国から日本への技術移転に大きな役割を果たした。

†留学

一九六〇年代半ばには日本の多くの半導体メーカーで社費留学の制度が整えられた。筆者も留学を通じて米国に学んだ一人であり、その事例を紹介したい。日立に入社して五年後に上長の推薦を得て応募し、一九六五年から一年間スタンフォード大学に学んだ。教授陣にはジョン・リンビル、ジョン・モル、ボブ・プリッチャード、ジェラルド・ピアソンなど半導体技術の先駆者がきら星の如く輝いており、トランジスタの発明者ショックレーも非常勤の籍を置いていた。人生の大事な時期に半導体の基礎についてしっかりと学ぶことができたのはまことに貴重な経験であった。

スタンフォード大学の電子工学科は全米でもいち早くカリキュラムを真空管から半導体中心にシフトしており、シリコンバレーの頭脳的な役割を果たしていた。その中心になって重要な役割を果たしたのが学部長のジョン・リンビルである。

†学会参加

半導体関連の国際学会は今日世界各地で数多く開かれているが、その先導役は言うまでもなく米国であった。一般に「半導体のオリンピック」とまで言われるようになったISSCC（国際固体素子回路会議）は半導体新技術の発表の場として数千名規模の学会に発展しているが、最初の会合は一九五四年の開催であった。「国際」という名前は付いていたものの、米国以外では日本とカナダから各一名の参加者があったのみである。

また時期を同じくして、IEDM（国際電子デバイス会議）も創設され、ISSCCと並んで半導体における二大学会の一つとなっている。IEDMはデバイス系の発表が中心であり、ISSCCは回路系の発表が中心である。

日本の半導体技術者にとって、学会における情報は極めて貴重なものであり、多くの技術者が参加した。日本からの参加者はできるだけよい情報を入手しようと熱心のあまり、なるべく会場の前方に席を取って、カメラを構えていることが多かった。よいスライドが出るたびにカシャ、カシャ、カシャという音が暗い会場に響く。このような異様な情景が顰蹙を買って自粛が呼びかけられるようになったのである。筆者も駆け出しの頃、このような行動に加わっていたことを思うと内心忸怩たるものがある。

2 トランジスタ・ガール

†ソニー井深の偉大な決断

日本においてソニーが先頭を切ってトランジスタの生産に立ち上がった最大の要因は、トップの井深大がラジオにも使えるトランジスタを自分でも作ろうと決断したことにある。設立後一〇年にも満たない小さい会社にとっては、大きなリスクを伴う決断であったが、その見識と勇気とが見事に結実してソニーの世界的な飛躍につながったのである。そして、それはソニーだけでなく、日本の半導体産業全体の興隆を促した。ソニーの成功に刺激される形で当時の真空管の大手メーカーであった東芝、日立、日本電気などがトランジスタの増産に踏み切ったのである。

このようにして、日本における半導体の最初のマーケット・ドライバーはラジオになったが、米国における最初のドライバーは軍需であった。軍需用途では温度特性などの点でゲルマニウムよりもシリコンの方が向いていたため、米国企業は次第にシリコンの方に注力していった。

日米におけるこのような市場特性の違いもあって、日本が一時的とはいえトランジスタの最大生産国になったのである。

谷光《たにみつ》太郎『半導体産業の系譜』（日刊工業新聞社、一九九九年）には次のように記されてい

図5－1　トランジスタの組立ライン（1960年代）

る。「昭和三一年（一九五六年）の夏頃よりヤング層を中心にトランジスタ・ラジオが爆発的に売れ始めた。ソニーのこの年のトランジスタ生産高は月産三〇万個で、翌年には倍以上の八〇万個になった。昭和三四年（一九五九年）、日本は八六〇〇万個のトランジスタを生産し、世界最大の生産国になった」。

日本が最大のトランジスタ生産国になり得たもう一つの大事な要因がある。手先が器用な若い女子工員の存在である。顕微鏡の下で行う組立作業は極めてデリケートな動作が必要であり、中学校を卒業した女子（トランジスタ・ガールと呼ばれた）が担当することが多かった。図5－1は一九六〇年代のトランジスタ組立ラインの光景である。

少し横道にそれるが、一九六二年に上映された吉永小百合主演の『キューポラのある街』（浦山桐郎監督、日活）の映画についてのエピソードを紹介したい。映画のロケの一部が日立のトランジスタを作る武蔵工場で行われた。

キューポラとは鋳物を作るために鉄を溶かす溶銑炉のことである。ここに長年勤めた父親がリストラによって職を失う。吉永小百合演ずるところの長女が普通科高校への進学を諦めて定時制に行くことを決め、昼間の職場として選んだのが当時最先端のトランジスタ工場であった。主演の吉永小百合はこの映画によってブルーリボン主演女優賞を受賞。この作品からいわゆるサユリストが日本中に増えていったといわれている。

しかしトランジスタ・ガールが生産の主力を担ったのは一九七〇年代前半までであり、その後は年を追って女子比率は減少していく。『日立半導体三十年史』(一九八九年)によれば、一九五九年当時の比率は女性八五%、男性一五%であったが一九七〇年には女性六五%、男性三五%と下がり、一九七五年には女性三五%、男性六五%と比率は逆転した。そして一九八五年には女性一五%、男性八五%と男女の比率は一九五九年当時と正反対になり、半導体工場は男性の職場に変わっていったのである。

このような変化の背景には製品の転換(ゲルマニウムからシリコンへ、シリコンからICへ)とともに、自動化の進展がある。若年女子工員の手作業は自動化機械に代わっていったのである。しかし、日本半導体の立ち上がり期において、トランジスタ・ガールはまさに「金の卵」としての役割を果たした。それは半導体のみならず、ラジオやテレビなど当時のハイテク製品を生み出す原動力でもあった。

3 半導体戦争の始まり

†メモリをめぐる熾烈な競争

一九七〇年代の初頭まで、日本の半導体は民生分野志向、米国は軍需・コンピュータ志向という形の棲み分けがあり、半導体についての目立った摩擦はなかった。この状況が変化したのは一九七三年に起きたオイルショック以降である。これに続く一九七四年、七五年と世界の半導体産業は落ち込み、前代未聞の大不況に見舞われた。また、ちょうどこの時期は日本メーカーが、民生分野からコンピュータ分野へと方向転換を始めていた時でもある。

コンピュータの記憶装置にはそれまで磁気メモリが使われていたが、次第に半導体メモリを使うように変わりつつあった。インテルが一九七〇年に市場導入した一キロビットのDRAM（ダイナミック・メモリ：「ディーラム」と読む）は四キロビット、一六キロビットへと集積度が上がるとともにコンピュータ分野での需要は拡大した。米国、日本とも多くの半導体メーカーが、これからの有望分野として力を入れたのである。

そして、オイルショックによる不況からの回復の過程で日米両国のメーカーがメモリを中心に熾烈な競争を展開する形になっていった。

「日本勢がやってくる！」ということはシリコンバレーを中心とする米国メーカーにとって大きな脅威となった。業界一丸となって日本に対抗すべきだという声が高まって一九七七年に設立されたのが米国のＳＩＡ（半導体工業会）である。ＳＩＡは業界からの声を集めて外部に発信し、政府への働きかけを強めていった。たとえば、一九七六年から日本で始まった超ＬＳＩプロジェクトが非難の対象となり、「このような官民癒着のプロジェクトはアメリカでは考えられない組織だ。これは日本株式会社だ」と主張した。

さて日本から米国への輸出は一六キロビットの世代から本格化し、一九七〇年代半ばから八〇年にかけてシェアを拡大していったが、それに比例して日米関係も厳しいものに変わっていった。

一方、一六キロメモリのユーザーの間からは、日本製のメモリの方が信頼性が高いという声が出始めたが、米国メーカーはそのようなことはないと高をくくっていたのである。しかし一九八〇年三月のある朝、代表的なメモリのユーザーがワシントンにおける業界会合において驚くべき事実を披露した。ヒューレット・パッカード（以下ＨＰ）のリチャード・アンダソンがその人であり、後に「アンダソンの爆弾発言」と言われるようになった。

T・R・リード著 *The Chip*（『チップに組み込め！』鈴木主税・石川渉訳、草思社、一九八六年）から彼の発言を要約すると、

「HPでは一九七七年から一六キロメモリを採用したが、すべて米国メーカーのものであった。しかし米国メーカーはその後の需要増に応えることができなかったので、やむなく日本メーカーに話を出した。当時「メイド・イン・ジャパン」は「安かろう、悪かろう」といわれていたので極めて厳しい品質テストを行うことにした。驚いたことに、日本製メモリがその厳しいテストに合格したのです。一九七九年には需要が拡大したので日本メーカーを更に二社増やして対応した。全体として三〇万個のメモリを購入したが日米半々の割合であった。日本の三社の品質はすべて米国のトップ・メーカーの品質を上回ったのです」。

この発言は米国メーカーにとって極めてショッキングな内容であったが、日本製の品質が優れているという事実は認めざるを得なかったのである。

†躍進する日本半導体メーカー

メモリの世代が一六キロから六四キロになると事態は米国にとってますます深刻になり、マスコミからもいろいろな形で警鐘が鳴らされた。そのような中で一九八一年三月と同年

一二月の二回にわたってフォーチュン誌に載ったジーン・ビリンスキーの記事はセンセーションを巻き起こした。一般の人にもわかりやすい形で日本半導体の脅威を伝えたのである。三月に出た最初の記事のタイトルは「日本半導体の挑戦」であった。冒頭のページには図5-2に示すように、シリコンウエハーに擬した土俵上で日本人力士と米国人ボクサーが睨み合うイラストが描かれていた。

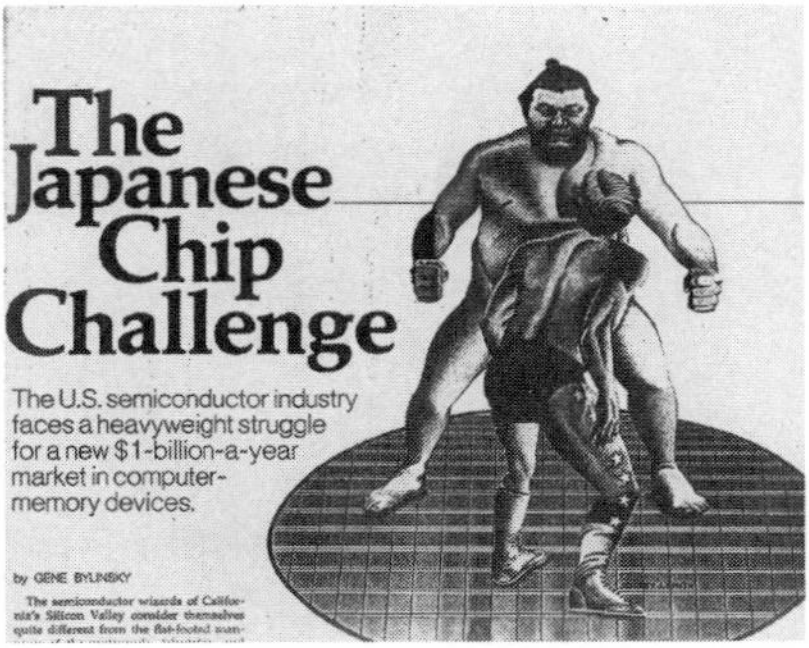

図5-2　フォーチュン誌に掲載された記事のイラスト

「六四キロビットDRAMの競争において、米国は日本に負けるかもしれない」という内容の記事であり、そのインパクトについて次のように述べている。「この一戦でアメリカが勝つとは限らない。もし仮に負けたとすれば、半導体産業の将来に影響を与えるのみならず、それより遥かに大きなコンピュータ産業の将来を危うくすることになるであろう」。

米国における一九八〇年の六四キロメモリの売上は二〇〇〇万ドルに過ぎなかったものの、その後急増して一九八四年には一〇億ドルに達するものと予想されていたのである。

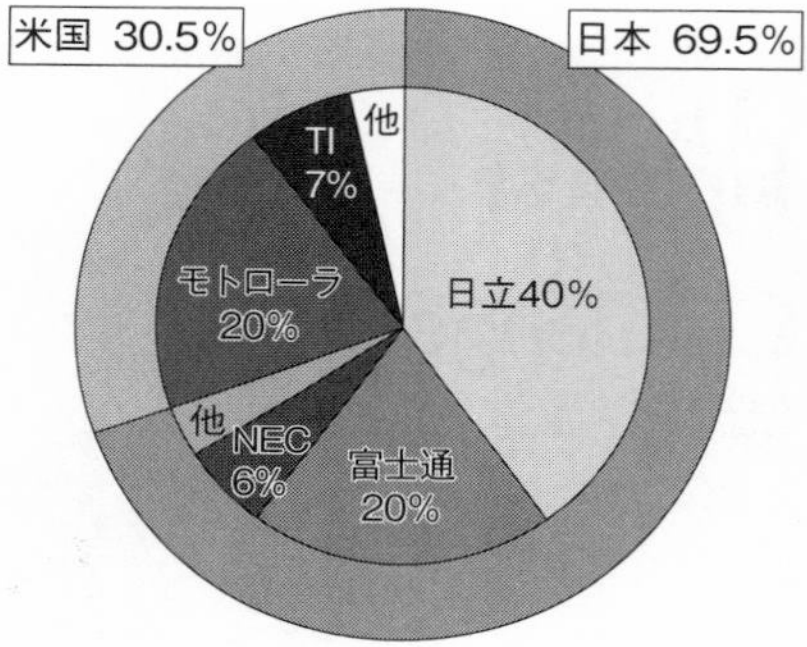

図5－3　世界市場における64K DRAMのシェア（1981）

この記事が出た時点においては、六四キロメモリの勝敗の行方はそれほど定かでなく、フェアチャイルド社の幹部のように、「六四キロでは絶対に日本に負けない」という強気の意見も少数ながらあった。

しかし、この年の一二月に出た記事は悲観一色に染まった。そのタイトルは「不吉な日本半導体の勝利」となっており、シリコンバレーは新世代の半導体メモリで遥かに遅れてしまったというトーンで始まっている。六四キロビットメモリで日本メーカーが七〇％のシェアを取ったのである。この新製品は今後急速に売上が伸びて、単一製品としてはこれまでの最高の売上レベルに達するだろうと言われていた。

図5－3に一九八一年当時の世界市場におけるマーケットシェアの状況を示すが、日本では日立（四〇％）、富士通（二〇％）、日本電気（六％）などを含め全体で六九・五％のシェアを占め、米国ではモトローラ（二〇％）、TI（七％）を含め三〇・五％に過ぎない。誰の目にも日本圧勝ということは明白になっていた。

なぜこのような大差が生まれたのか？　これについてはいくつかの要因が絡み合っている。米国の半導体メーカーは専業メーカーが多く会社の規模も小さかったので、オイルショックに伴う不況で先行投資の体力を失っていた。日本の半導体メーカーは総合電機会社の一部門であることから、米国勢に比べて相対的に先行投資の力が大きかったことが挙げられよう。そのため供給能力があり、顧客からも品質面、納期面、価格面などで高い評価を得ていた。またこの時点では、メモリの設計技術、プロセス技術の面でもすでに米国を追い越していた。

†日米半導体摩擦

日本メーカーの勢いはとどまることを知らず、一九八三年になるとビジネス・ウイーク誌が一一ページに及ぶ特集記事を組んで日本半導体の脅威について詳細を報じた。そのタイトルは「チップ戦争――日本の脅威」である。両国の半導体競争について「戦争」という言葉が使われたのである。

「この戦争の結末は半導体メーカーのみならずわが国の将来にとっても重大事である」と主張して問題の大きさをアピールしたのであった。まさに、「一国の盛衰は半導体にあり」というトーンが記事の中にみなぎっていた。

このような米国内の危機感は産業界のみならず、政府や大学を含めて広く国中が共有することになった。そして「日本のやりかたはアンフェアである」という感情論につながり半導体貿易摩擦に発展していった。

半導体研究の中心となっているスタンフォード大学では日米両国間にまたがるこのような関係が、両国の将来にとって好ましくないということから、半導体競争の実態を客観的に分析するタスク・フォースを一九八〇年四月にスタートさせた。同大学のジョン・リンビル教授と東大の菅野卓雄教授が正副議長を務めて、日米両国の視点から問題の解析を進めたのである。一九八三年四月に最終報告書がまとめられたが、その日本語版は『日米半導体競争』というタイトルで八五年六月に刊行された（ダニエル・I・オキモト、菅野卓雄、F・B・ワインスタイン編著、土屋政雄訳、中央公論社）。両国の半導体摩擦ではどのようなことが論点になったのか、本書のまえがきから引用してみたい。

米国側の言い分

●日本企業はシリコンバレーでスパイ行為をしているのではないか。

●シェアを高めるためにダンピングをしているのではないか。

●政府から補助金をもらい低コストの融資を受けている。
●米企業が日本で販売や製造をしようとすると様々な障壁に阻まれる。
●日本半導体メーカーは「日本株式会社」の一員だ。

日本側の言い分

●先行技術で遅れを取った米国メーカーが根拠の無い不平不満を喧伝しているのではないか。
●日本メーカーは英語を勉強し、米国の市場ニーズを分析した上で販売努力を重ねた。米企業はそのような努力をしていない。
●日本メーカーは自動化を進め、これによって高品質と低コストを実現した。米企業は自動化よりも第三世界の安い労働力を選択した。
●一九七〇年代末期の需要拡大期に、米国メーカーの供給は需要に対応できなかった。

双方の主張に対して客観的な分析を加えることによって事実関係が整理された。本書の結論の一つは日本による半導体市場の支配が必ずしも絶対的なものでなく、MPU（マイクロプロセッサ）のような分野では米国が優位にあることから、米国の将来は必ずしも悲観的ではないということであった。そして一〇年を経ずして、この分析は正鵠を射ていたことがはっきりしたのである。

4　日米半導体協定の締結

†政府間問題に発展した半導体摩擦

一九八〇年代になって勢いを増した日本の半導体は、一九八六年に米国のシェアを逆転してしまった。半導体で後発の日本がなぜ先行する米国を上回ることができたのか？　そこには二つの大きな要因があった。一つにはDRAMで世界トップのシェアを取ったこと、もう一つは日本の国内市場が世界最大（一九八六年時点で約四割）であり、その中で日本企業は九割以上のシェアを取っていたのだ。平たく言えば、日本半導体業界のドル箱はDRAMと国内市場の二つだった。この「二つのドル箱」が半導体協定のターゲットになって、直撃を受けることになったのである。

このような状況の中で、一九八五年になるとDRAMの需給バランスの崩れから価格の大暴落が起こり、世界中のDRAMメーカーが苦境に立たされた。たとえばインテルがDRAM事業から撤退したのもこの時期である。そのような状況にあって、米国のSIAは通商法三〇一条に基づいてUSTR（米国通商代表部）に日本製品をダンピング容疑で提訴した。

続いてDRAMメーカーのマイクロンは商務省に日本の六四キロDRAMをダンピング容疑で提訴した。これらの相次ぐ訴訟を契機として日米双方の政府が協議を開始し、一年間の交渉の結果、一九八六年九月に締結されたのが左記の条項を含む日米半導体協定である。

Ⓐマーケットアクセスの改善　当時の日本市場における海外製品のシェアは一〇％未満であったが、これを二〇％以上にすること。その進展を見るために日米の政府は、四半期ごとに海外製品シェアをモニターする（シェア・モニタリング制度と呼ぶ）。

Ⓑダンピング防止　日本の各企業はDRAMとEPROMについて四半期ごとにコストデータを政府に提供し、それをベースに米政府は各企業に販売の最低価格（FMV　Fair Market Value、公正市場価格）を通知する。日本企業は与えられたFMVを下回る価格で販売してはならない（FMV制度と呼ぶ）。

†一〇年にわたった半導体協定

半導体協定が締結されてからほぼ半年が経過した一九八七年三月、日本にとって衝撃的な事態が起こった。「日本は日米協定を守っておらず、日本市場における海外製品のシェア向上に目に見える成果がない」ということを理由に、米国は通商法三〇一条に基づく制裁を行うと発表したのである。

制裁の対象は半導体そのものではなく、パソコン、カラーテレビ、電動工具の三製品に対し一〇〇%の報復関税を賦課するものであった。協定の締結からわずか半年後の米政府による異常ともいえる制裁は衝撃的であった。

この制裁の翌月には、問題を解決して制裁の解除を求めるべく、中曾根康弘首相が渡米してレーガン大統領とのトップ会談に臨んだ。首相は半導体協定の順守を約束した上で、制裁の解除を要求したものの、米側の返事は冷たいものであった。「単なる約束のみでは解除はできない。解除するのはシェアの改善の結果が出てからだ」として会談は物別れとなった。

この突然の三〇一条発令とトップ会談の決裂とは、日本政府と民間企業に対して米国の怒りの大きさを強く知らしめ、日本はすっかり萎縮してしまったのだ。これは一種のトラウマとなって長く尾を引いたように思われる。

当時の通産省は協定を順守するために、民間企業に対する行政指導を強化していった。その一環として、海外製品のシェア拡大のために次の三機関が設立され、半導体ユーザーに対して「半導体は海外製品を買うべし」との行政指導を長年にわたって行った。

①半導体国際交流センター（INSEC）、一九八七年三月設立
②外国系半導体ユーザー協議会（UCOM）、一九八八年五月設立
③外国系半導体商社協会（DAFS）、一九八八年一一月設立

この三機関は相互に連携を保ちながら海外製品の日本市場へのアクセス改善（すなわち海外製品のシェア向上）に努めた。後に一九九六年の協定終結交渉の時にわかったのであるが、米国ではUCOMの果たした役割を高く評価していた。この組織においては半導体ユーザー企業の購買担当役員が責任者となって、自社内における海外製品購入の陣頭指揮を執っていたのだ。

また通産省はダンピング防止の観点から、各企業におけるDRAMの生産活動に目を光らせていた。この点に関連して、当時最大のメーカーであったNECの中沼尚氏は次のよ

うなエピソードを残している。「DRAMの生産調整については、（通産省から）何日何枚のシリコンウエハーを投入して、何日何個出荷するのか報告せよとの指示があった。（中略）半導体の場合、各工程に歩留《ぶどまり》があり、日々変動するので何個の良品が出るかはわからない、と説明しても話が通じず、長時間の説明を余儀なくされた」（日本半導体歴史館「開発ものがたり」https://www.shmj.or.jp/）。

†半導体協定のインパクト

●マーケットアクセスの改善

「日本市場における海外製品シェアを二〇％にする」という「数値目標」は市場を動かす大きな力になった。協定開始の一九八六年において海外品シェアは八％程度であったが、一九九一年には約一八％となり、協定によって一〇ポイントのシェアのシフトがあった。協定の最終年の一九九六年には約二八％となり、シェアのシフトは二〇ポイントとなった。

これを金額に換算するとどうなるのか？　一九九一年の日本の市場規模は約二一〇億ドルなので金額のシフトは二一億ドル（当時の為替で約二七〇〇億円）、一九九六年は市場規模三四〇億ドルでシフト額は六八億ドル（当時の為替で約六八〇〇億円）。概算ではあるが、前半・後半の各五年間の金額シフトを直線近似で算出すると、一〇年間の日本企業から海外企業へのシフトの合計は金額ベースで約三兆円となる。一〇年間にわたって日本企業はこのようなボディーブローを受けたということになる。

当然ながら一〇年間のシェアシフトがすべて半導体協定によるものであるとは言えず、自然増の分も含まれている。この二つは分離のしようがないが、一九九六年交渉時の米側の認識は次のようなものであった。「海外製品のシェア向上には政府によるシェアのモニターやUCOMなどのアクセス改善活動が大きな力になった。これらの活動の継続がなければ、シェアは元に戻ってしまう」との主張を最後まで続けた。米国側は半導体協定がシェアシフトに大きな力になったことを認めていたのである。

この条項によって恩恵を受けたのは既存の欧米企業はもとよりであるが、DRAMに参入したばかりの韓国メーカーにとってはまさに「漁夫の利」であったと思われる。DRAMは互換性の高い標準品であり、日本のユーザーからは、海外製品比率向上の手段として歓迎されたのである。

●ダンピング防止

この条項によって日本の各企業はFMVに基づいて売価の設定を行わなければならず、値付けの自由度は完全に失われた。このことが欧米や韓国のメーカーにとっては競争上、

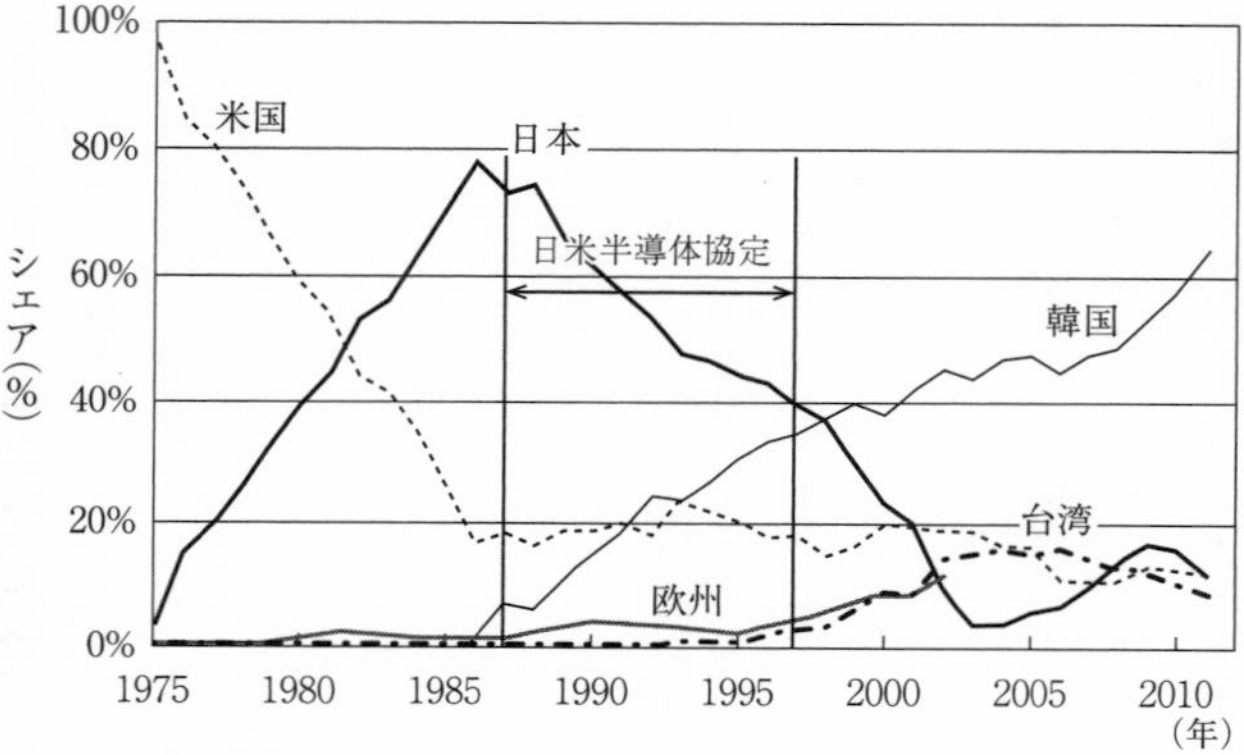

図5-4　日米半導体協定前後のDRAMシェア推移

極めて有利に働いたことは言うまでもない。

日米半導体協定のシェア・モニタリングとFMV制度の両面からの締め付けで日本のDRAM事業は大きなダメージを受けた。図5-4は協定前後の各国のDRAMのシェアの推移を示している。この図を仔細に見ると、協定が締結された一九八六年を境にして、各国のシェアのトレンドに突然の変化が起こっており、協定のインパクトがはっきりと読み取れる。

協定のインパクトが最も顕著に表れているのは米国のシェアの動きである。一九七五年には九〇%を上回る圧倒的なシェアであったが、日本の台頭によって直線的に低下し、協定の年には二〇%まで落ち込んでいた。しかし一九八六年の協定を境にしてシェアの低下はピタリと止まったのである。以後はほぼフラットなシェアをキープして米国のDRAMは復活に向かった。これによってDRAMを専業とするマイクロンはよみがえり、現在は世界のトップスリーのメーカーの一つになっている。これは米国の狙い通りのシナリオであり、協定の威力を最も鮮明に表している。

また韓国については協定の前年の一九八五年まで、シェアはほとんど無視できるほどであったが、協定の年から立ち上がり、その後は破竹の勢いで伸びていった。

DRAM専業の韓国ではこの一点にリソースを集中し、デパート商法の日本と対抗して技術力でも次第に追い上げを図った。協定終了の一九九六年頃には先端製品の開発面でも日本に追いつき、日本の強みは失われてしまった。一九九八年にはDRAMでトップシェアを獲得し、その勢いは今日まで続いている。

欧州のシェアも協定以前には無視できるほどであったが、協定を境にしてシェア・カーブは首を持ち上げ、次第に立ち上がった。

これらの動きに対して、日本のシェアは協定の前年に八〇%に迫る勢いであったが、協定の年を境にして急速に下落していった。協定終了の一九九六年には四〇%のシェアでかろうじてトップをキープしたが、韓国の追い上げは激しく、技術面での優位性も失われてしまった。

一九九六年に日米半導体協定は終了したのであるが、この年からメモリ業界は強烈な不況に見舞われた。DRAM事業は大きな打撃を受け、日本の総合電機各社はDRAMへの意欲を失い、これを切り離すか撤退する方向に舵を切った。その最初の動きが日立とNECのDRAM部門を統合したエルピーダの誕生（一九九九年）であり、後に三菱のDRAMも合流したが、その他のメーカーはDRAM事業から撤退した（東芝、富士通、沖電気、松下電子、日鉄セミコンなど）。この過程で日本のDRAMシェアは激減し、二〇〇〇年代初頭には四％まで落ち込んだ。エルピーダのみとなった日本のシェアは二〇〇九年に一六％まで盛り返したが、二〇一二年には急激な円高の影響などで経営破綻となり、ついに日本からDRAMメーカーが消えてしまった。

5 昇る米国、沈む日本

†巻き返しをかけた米国の決意

これまで述べたように、一九七〇年代半ば以降急伸した日本メーカーの攻勢に対して、米国では半導体産業界のみならず政府、大学、マスコミなどを含めて、これを米国全体の問題として大々的に取り上げた。その対応のために最初に設立されたのが、先ほど触れた

SIA（半導体工業会）である。一九七七年に設立されたSIAは米国半導体復権の活動の中核となって、半導体問題の深刻さを全国にアピールした。

SIAと政府とが協力して立ち上げた最初のコンソーシアムが一九八二年設立のSRC（Semiconductor Research Corporation）であり、SRCは産学連携の活動を強力に推進した。全米の大学の中で半導体に関する研究テーマを産業界がサポートするシステムであり、これによって米国の大学は他地域の大学に比べて、半導体の分野で圧倒的な強さを発揮するようになった。たとえば、ISSCC（国際固体素子回路会議）における二〇〇六年の論文数を地域別に見ると米国の大学は五二件、欧州一七件、日本五件、アジア（除く日本）二四件となっている。この数値はSRCを中心にした活動によって、米国の大学において半導体研究が活性化した一つの証であるといえよう。

さらに一九八七年には政府と民間の協力によってSEMATECH（セマテック：半導体共同開発機構）が設立された。これには政府から年間一億ドルの補助もあり、半導体に共通の製造技術を開発するのが狙いである。シリコンバレーの会社のみならずTI、IBM、モトローラなど全米のメーカーを結集すべく、セマテックの拠点はテキサス州のオースティンに置かれた。そして、初代のトップに就いたのがインテルのロバート・ノイスであった。ノイスはICの発明者の一人であるとともに、インテルを立ち上げた功労者として世界中でその名を知られ、いわば「半導体の神様」のような存在であった。ノイスはフルタイムでセマテックの仕事に取り組んだ。この人選からも半導体復権にかける米国の決意がいかに強いものであったかをうかがい知ることができる。セマテックを中心とする復権活動は米国半導体メーカーの強化に大きな力を発揮した。

この点に関して一九九八年一二月のサンノゼ・マーキュリー紙に掲載されたウィルフ・コリガン（LSIロジック会長）のコメントを紹介したい。

「一九八五年頃まで米国半導体メーカーは急速にシェアを失い、インテルなどDRAMから撤退する会社もあった。このような事態にどう対応すべきかを検討した結果として、アーキテクチャと知的財産をベースにした戦略への転換が行われた。製造技術についてはセマテックの開発成果を活用することにして各社は知的財産による差別化を進めた。このようにして各社が得意分野の製品で棲み分ける形で米国半導体の復権がなされたのである」。

また、元インテル会長のゴードン・ムーアは著書『インテルとともに』（玉置直司訳、日本経済新聞社、一九九五年）の中でセマテックについて次のようなコメントをしている。

「セマテックが米半導体業界の国際競争力向上に貢献したか、と聞かれたら、間違いなく「イエス」だ。品質管理や業界内での共同作業の重要性を理解させ、アメリカ企業の意識を大きく変え、最初の五年間で大きな目標を達成したと思う」。

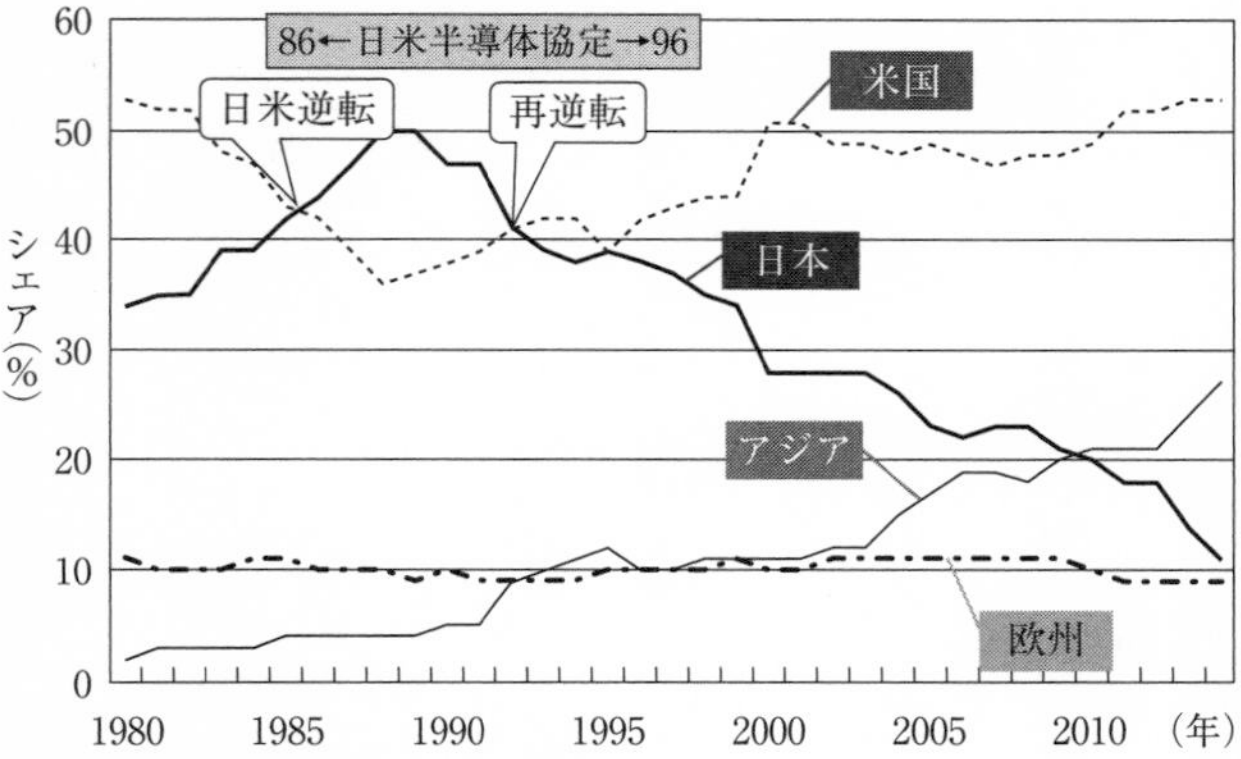

図5-5　国・地域別の半導体シェア推移
出典：Dataquest, IHS Technology のデータをベースに作成

シェアをめぐる日米の逆転劇

さて、ここで日米両国の半導体メーカーのシェアがどのような推移をたどったかを見てみよう。図5-5は一九八〇年以降の国・地域別におけるシェアを示したものであるが、日本と米国とはシェアをめぐってまさに「竜虎相搏《う》つ」形で、抜きつ抜かれつの競争を繰り広げた。

一九八〇年当時、日米間のシェアの差は二〇%も開いており、圧倒的に米国がリードしていた。その後米国はずるずるとシェアを落とし、日本のシェアは上がって、一九八六年には逆転となった。米国の危機感に火がつき、一九八七年にセマテックの設立となる。

セマテックが設立されてから間もなく、一九八九年にシェアが底を打って反転し、日本のシェアは下降傾向になった。そして一九九三年には米国四三％、日本四一％となって日米「再逆転」となったのである。その後も日米の差は広がっており、今日では米国のシェアが五〇％強に対し日本は一〇％弱と大差がついたままになっている。

一九九〇年代以降、米国半導体の競争力がよみがえった背景にはいろいろな要因が考えられる中で、おそらく最も大事なことは米国の将来にとって半導体がいかに重要であるかの認識を国全体が共有したことであろう。まさに「米国の盛衰は半導体にあり」ということに国を挙げて取り組んだ成果と言える。

一九九〇年代の半ばになって日本においても半導体の競争力の低下に対する懸念が広がり、一九九五年に半導体産業研究所（SIRIJ）が設立されて業界のシンクタンクとしての活動が始まった。続いてSELETE（半導体先端テクノロジーズ）やSTARC（半導体理工学研究センター）が設立され、前者はプロセス面、後者は設計面での共同研究が開始された。さらに二〇〇〇年に出されたSNCC（半導体新世紀委員会）報告書は日本の半導体産業の状況が極めて深刻であることを指摘し、産官学の連携強化による競争力復活の施策を提案した。この提案に基づいて始まったのが「あすかプロジェクト」である。このような諸施策にもかかわらず、日本メーカーのシェアの改善にはつながらなかった。

日米半導体協定が終結してから四半世紀が経過するが、日本半導体シェアの右肩下がり傾向はなおも続いている。日米協定が日本企業に与えた一撃がシェア低下のきっかけにはなったとしてもそれだけがすべてではなく、もっと根本的なところに原因を求めなければならない。

†アナログからデジタルへの転換

筆者は一九九〇年代を境にして産業構造に大きな地殻変動があり、日本企業はその変化に追随できなかったことが大きな要因だと考えている。最も大きな変化はアナログ中心の時代からデジタル中心の時代へのパラダイム転換である。日本勢は民生品が中心となるアナログの時代に大きな力を発揮したが、パソコンやスマホが中心となるデジタルの時代になると、それまでの強みが弱みに変わってしまい、シェアの低下につながった。

半導体のメイン市場が家電製品からパソコンへ、パソコンからスマホへと転換するとともに、半導体の国内市場は減少し海外市場へシフトしたが、日本の半導体企業は海外向けの製品企画（What to make）やマーケティングの力が十分でなく、これがシェアを落とす大きな要因となったと思われる。

また、垂直統合型の経営を得意としていたが、デジタルの時代になるとファブレス・ファウンドリ方式の水平分業型へとシフトし、これも競争力の低下の要因となった。さらに以前には強みであった総合電機メーカーの一部門でのデパート商法という事業形態も、独立した専門店商法の形態に対して専門性の高さとスピードの点で勝てず、弱みへと変わっていった。

日本半導体にとって、一九八〇年代までのアナログ時代には有利に働いていた要因が一九九〇年代以降のデジタル時代には弱みへと変わったが、総じて日本企業はその変化にうまく適応できなかったのが今日まで続くシェア低迷の大きな要因であると考えられる。

ダーウィンは一八五九年に書かれた『種の起源』の中で次のように述べている。

「最も強い者が生き残るのではなく、最も賢い者が生き延びるのでもない。唯一、生き残るのは変化できる者である」。

日本半導体の衰退の最大の要因は市場構造の変化に対して、うまく対応できなかったといえよう。この苦い体験を踏まえて、これから起こる市場構造の変化に向けては、これを新しいチャンスと捉えて立ち向かわなければならない。

第6章

日本半導体復権への道

1　日本半導体の強みと弱み

†切り口で違う強みと弱み

半導体についての議論にはさまざまな切り口があり、各人の立場に応じて見解が異なる。そのため「日本の半導体は強いのか、それとも弱いのか」という問いについてはさまざまな答えがあり得る。

では日本の半導体の強み、弱みについて論じる際、何を基準とすればよいのか。製品の性能・品質あるいは技術開発力なども基準となり得るが、一般的には世界市場におけるシェアが基準とされ、相対的なシェアが高ければ強く、低ければ弱いと判断される。本書においても、それぞれの切り口におけるシェアを判断材料とする。

半導体関連産業は半導体デバイス産業を中心にして、川上に半導体製造装置産業と材料産業、川下に半導体を使って機器を作る電子機器産業がある（第1章の図1-6参照）。日本の場合、川上産業は強いが川中のデバイス産業、川下の電子機器産業が弱く、ここに最大の問題がある。

しかし歴史を振り返ると一九八〇年代まで、川上から川下に至る一連の産業は相互に密接な関わりを持ちながら発展してきた。日本が世界を先導した家電分野は大きな半導体需要をもたらし、メインフレームを中心とするコンピュータ産業からはDRAMを中心とする大きな需要が生み出された。デバイス企業はその需要を満たすために生産体制を大幅に強化し、国内の製造装置メーカー・材料供給メーカーとの連携を強めていった。このようにして川下から川上に至るサプライチェーンが確立されたのである。この時期に川上産業（製造装置産業・材料産業）では世界トップレベルの技術が蓄積されていった。

しかし一九九〇年代に入ると、このような構造が徐々に崩れていく。第5章で述べたように一九八〇年代から九〇年代にかけての日米半導体摩擦で一〇年間にも及ぶ事業運営上の制約があり、DRAMを中心とするデバイスメーカーの弱体化が始まった。また、この時期から家電分野が成熟化するとともに衰退する一方で、米国で立ち上がったパソコンやスマートフォン（スマホ）産業が大きな発展を遂げたため、日本の川下産業の存在感は希薄となった。

一九九〇年代以降、米国の半導体はパソコン・スマホ産業を中心として復権を果たし、韓国、台湾の半導体産業もその流れに乗って右肩上がりの成長を見せた。日本の川上産業はこの時期にアメリカ・韓国・台湾の半導体市場への対応を強化したためグローバル企業へと発展し、現在では中国市場においても強い存在感を示している。

†日本の強みは川上産業にあり

日本の川上産業の中で、半導体材料産業は世界トップレベルのシェアと技術を誇る。第1章第2節「半導体材料をめぐる日韓摩擦」で述べたように、今や「日本からの材料が止まれば世界の半導体生産はストップする」とまで言われているほどである。

日本の材料産業は重要な素材のほとんどで四〇%以上のシェアを持ち、中でもレジスト材料は九〇%、フッ化水素は八〇%など、ほぼ独占的な状況となっている（第1章・図1－7参照）。日本の材料メーカーはそれぞれ得意分野を持ち、互いに重複を避けながらグローバル市場に適切に対応しているため、当面は盤石であろう。

しかし半導体においては平穏が長く続かず、思わぬ事態が起こり得ることはこれまでの歴史が示しており、あらゆる事態を想定した備えが必要である。特に韓国・中国における川上産業の振興策は今後も注視していかねばならない。

二〇一九年の半導体材料をめぐる日韓摩擦を契機として、韓国では官民一体となって川上産業の国産化を推進しており、政府はこれに三年間で約五五〇〇億円を投じるという計画を発表している。中国においても国内のサプライチェーンの拡充は急務であり、豊富な財源をもとに徐々に力を付けてくるだろう。

製造装置分野においても日本は米国に次ぐシェアを持つ。図6－1は半導体製造装置産業の地域・国別シェアを示している。米国は業界トップのアプライドマテリアルズを筆頭に、半導体製造に必要なほとんどの装置をつくる企業を有しており、世界シェアは四六％を占める。日本は業界第三位の東京エレクトロンをはじめとする四社が上位一〇社に入り、合わせて三一％のシェアを持ち、米国と同様に多様な装置を製造している。

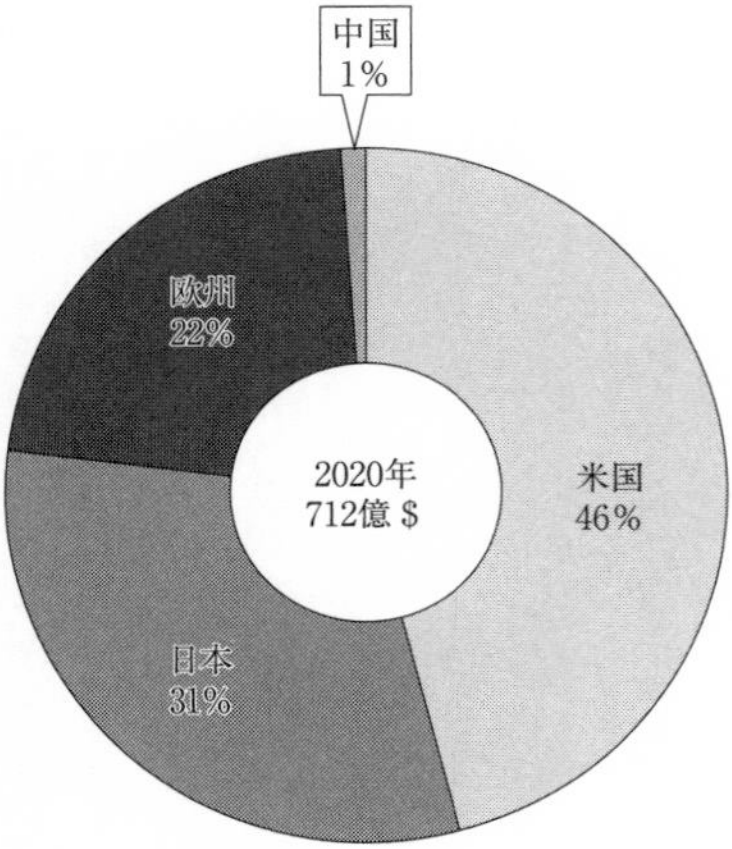

図6－1　半導体製造装置の国・地域別シェア
出典：日経新聞（2020年12月23日）

欧州のシェアは二二％で第三位であるが、ここには他国では作ることのできないＥＵＶ（極端紫外線）露光装置がある。これは最先端の微細加工に不可欠な装置であり、オランダのＡＳＭＬが長年かけて開発し、近年ようやく量産化までこぎつけた。

半導体製造装置の供給地域は米国、日本、欧州で大半を占めるが、需要地域はこれとは大きく異なる。SEMI（国際半導体製造装置材料協会）が発表した二〇二〇年の実績によると最大の需要地域は中国で全体の二六％を占め、それに続くのは韓国（二四％）、台湾（二三％）で、この三地域で世界全体の七三％を占める。

つまり米国・日本・欧州から半導体製造装置の大半が供給されている一方で、需要の大半は中国・台湾・韓国が占めるという大きなアンバランスが生じている。

†弱体化したデバイス産業

一九八〇年代の末、日本のデバイス産業は世界最大のシェアを誇った。まず、家電製品の分野において日本は圧倒的な強みを持ち、カラーテレビやVTR、ウォークマンなどが世界市場を席巻し、それらの製品に使われる半導体の大部分を国内の半導体企業が供給していた。また、国内外のメインフレーム・コンピュータに使われるDRAMの分野で日本は圧倒的なシェアを持っていた。

しかし一九八六年の日米半導体協定をきっかけとして、状況は大きく変化する。半導体の生産額における世界シェアでトップの座を日本に奪われた米国は官民ともに危機感を募らせ、日本の半導体市場が閉鎖的であると主張し、外国製半導体の購入を増やすよう圧力をかけた。さらには日本がDRAMを輸出する際にダンピングすることを防ぐため、各企業のコストデータをもとにそれぞれの売値の最低値を指示した。こうした制裁により、事業運営は著しい制約を受け、日本の半導体の世界シェアが低下するきっかけとなった。

また、この時期には日本がこれまで得意としていた家電分野が成熟化し、パソコンで強みを持つ米国などに半導体のシェアを奪われていった。ピーク時に五〇％もあったシェアは現在では図６－２に示すようにわずか一〇％程度であり、米国や韓国の後塵を拝している。

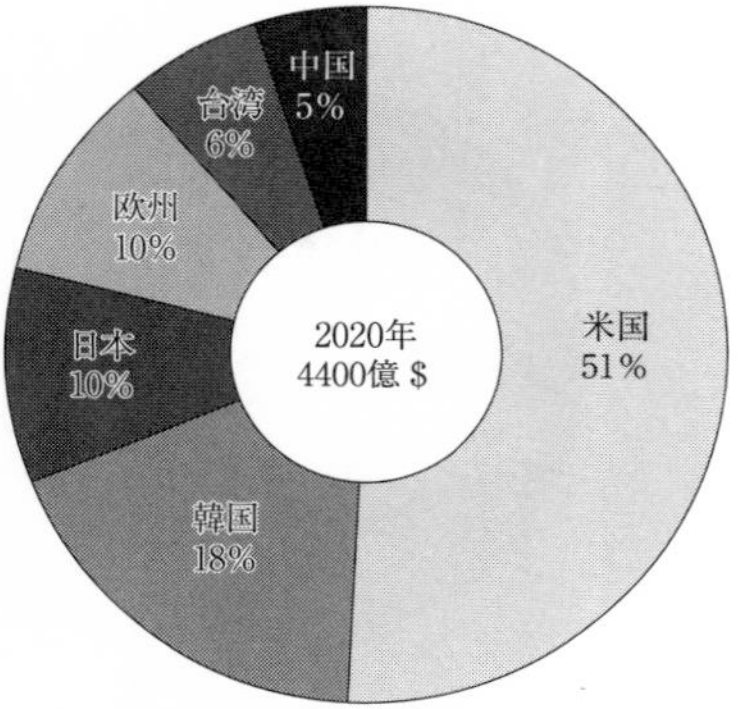

図６－２　半導体デバイスの国・地域別シェア
出典：日経新聞（2020 年 12 月 23 日）

第１章第４節「世界半導体産業の概況」で示したように、デバイス産業には垂直統合型のＩＤＭと工場を持たない設計専門のファブレスの二種類がある（図１－９参照）。日本ではＩＤＭの比率が高く、ファブレスの比率は低いが、今後、半導体産業を復活させるためには後者の強化・育成が重要である。

さらに、デバイス産業の一環を担っているのはファウンドリである。ファブレスが設計したものをファウンドリが製造するため、これらは兄弟の

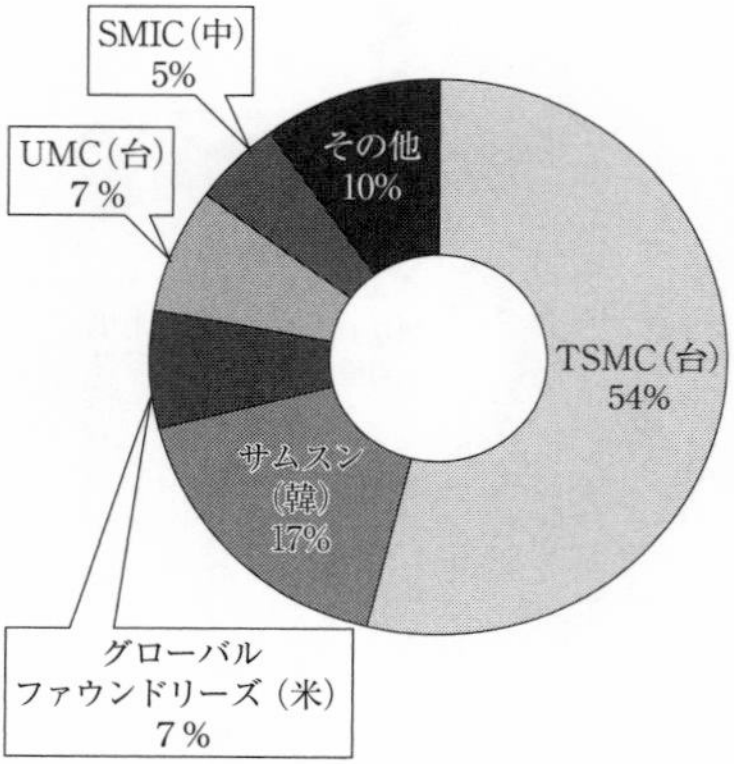

図6－3　ファウンドリ産業の企業別シェア
出典：TrendForce（2020年8月）

ような関係にある。図6－3は世界のファウンドリ企業のシェアを示している。この図を見るとTSMCを筆頭に、五社で九〇％のシェアを占めており、寡占化が進んでいることがわかる。日本のファウンドリはいずれも規模が小さく、世界的な存在感は極めて薄い。

日本政府は海外のファウンドリ企業の誘致を進めているが、そのための前提としてデバイス産業を強化することが極めて重要である。健全なデバイス産業がなければ、ファウンドリ企業で作るものがなくなるのは自明のことである。

†影の薄い川下産業

日本の電子機器産業は家電製品の需要増加とともに発展して世界をリードし、八〇年代には世界シェア第一位に躍り出たが、今やその面影はない。

世界の各地域における川下産業の状況を見るうえで指標となるのは、その地域における半導体の需要（消費量）である。図6‐4は半導体需要の地域別シェアを示している。アジア地域の需要が最大でシェアは六一％、次いで米国二二％、欧州九％、日本八％と続いている。

アジアの中では中国の需要が最も大きく、世界需要の約四〇％を占める。「中国は世界の工場」と言われるように、テレビなどの家電製品はもとよりパソコンやスマホなども大量に作られており、半導体の需要を底上げしている。第1章でも述べたように、中国では国内に大きな半導体需要がある反面、その一部しか作れず、大半を輸入に頼らざるを得ないため、これが貿易赤字の大きな原因となっている。

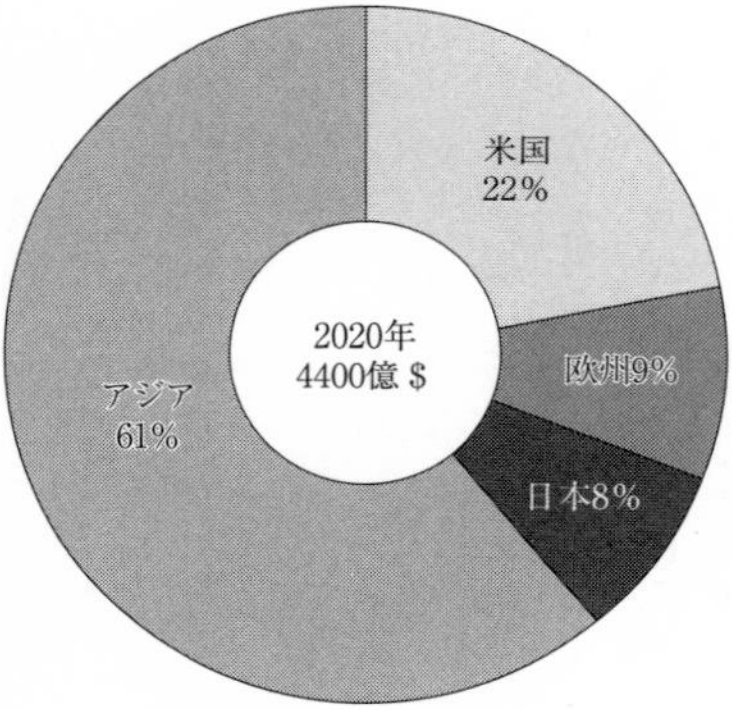

図６－４　半導体需要の地域別シェア

一方、日本の半導体需要は一〇％に満たない。九〇年代以降のアナログからデジタルへの市場構造の転換に対応できず、パソコンやスマホの波に乗り遅れたことがその主な要因である。川下産業においては既存の市場にとらわれず、自動運転車やロボットなど新たな市場を積極的に開拓していくことが重要だ。川下産業の発展が半導体デバイスのシェア向上に大きく貢献することは言うまでもない。

2 市場構造の転換――ロボットの時代来る

†半導体ボリューム市場の変遷

半導体市場はデバイス産業を駆動する大きな力を持つ。デバイス産業は市場が求める製品を開発・製造し、供給することによって成長を遂げてきた。

図6-5は一九七〇年代以降の半導体ボリューム市場の変遷を波の形で示している。フィジカルスペースとは消費者が直接見たり触ったりすることができる市場である。一方、サイバースペースとは消費者が直接見たり、触ったりはできないが社会にとって不可欠なインフラ的市場であり、クラウドコンピューティングやデータセンター、5G通信インフラなどを含む。またここでは、一九八〇年代のメインフレームもサイバースペースに位置付けている。

フィジカルスペースとサイバースペースは密接な関連を持ちながら相互に作用し、デジタルトランスフォーメーション（DX）の基盤となっており、これは日本が提唱する未来

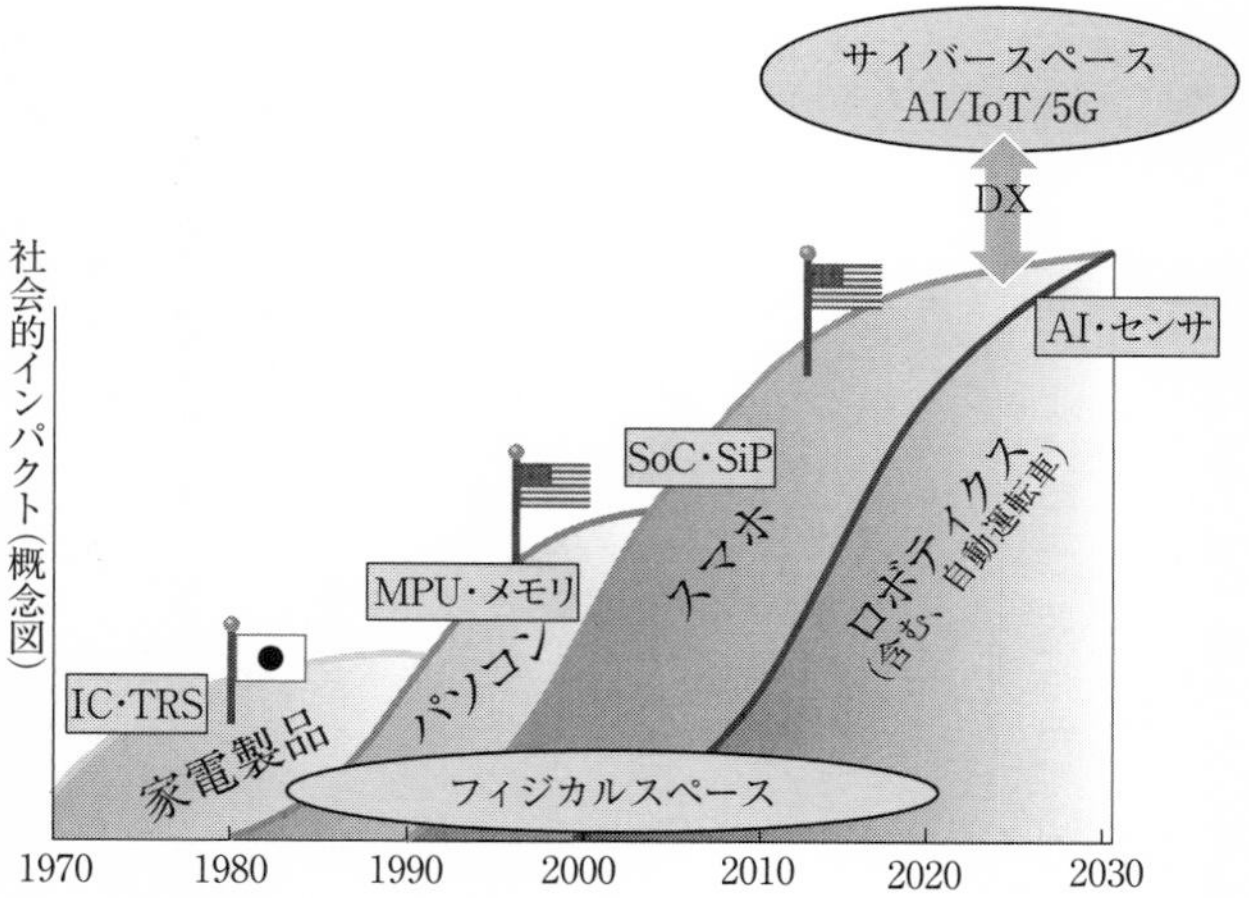

図6-5　半導体ボリューム市場の変遷（□内は半導体キー・デバイス）

社会のコンセプト、Society 5.0の実現へとつながっている。

たとえばSociety 5.0のひとつの象徴であるスマートシティでは自動運転車が自由に行き交う。宅配便など荷物は自動配送車がマンションへと運び、マンションで待機するサービス・ロボットはそれを受け取ると依頼主の部屋まで運ぶ。ここでは生活に関わるすべてのことがサイバースペースとフィジカルスペースの相互作用でスムーズに行われており、まさにDXの典型である。

†最初の波は家電製品

図6-5で最初に示されている波はテレビ、VTRなど家電製品の波である。家電製品ではトランジスタやIC、マイコンな

どが大量に使われ、半導体にとってのボリューム市場となった。日本の高性能な家電製品は海外にも輸出され、たちまち世界中の家庭に浸透した。先述したようにこの波の始まりは一九五五年、東京通信工業（現ソニー）によるトランジスタ・ラジオの発売に遡る。欧米の製品は真空管でできていたが、ソニーはこれをトランジスタで作り、内外で大ヒットした。国内の電機メーカーはこぞってこの流れに乗り、電子機器の半導体化に邁進した。高品質・高性能を旨として垂直統合型の生産を採用し、半導体やブラウン管、液晶ディスプレイなどを自社内で作る企業も多かった。家電製品は一九七〇年代から八〇年代にかけて最盛期となったが、この時期は「ジャパン・アズ・ナンバーワン」と言われた時期と重なっている。そのため最初の波には日本の国旗が描かれており、日本の一勝を示す。

†第二の波はパソコン

しかしどのような市場もやがて成熟してピークアウトし、最終的には衰退する。家電製品もその例にもれず、九〇年代以降は成熟期に入り、それに取って代わるようにパソコンが半導体のボリューム市場となった。パソコンの時代を駆動した半導体デバイスはマイクロプロセッサとメモリである。アップルは市販のマイクロプロセッサとメモリを活用し、一九七七年に世界初となるパソコン（Apple II）を発売した。初年の売上は二五〇〇台であったが、一九八一年には二一万台と急増し、新たな時代の到来を告げる大ヒットとなった。

当時、メインフレームで揺るぎない地位を築いていたＩＢＭはアップルの成功に刺激を受け、一九八〇年に急遽パソコンの開発を進めることを決定し、年内の発売を目指した。時間を優先したため、これまでのように自社内ですべてを開発するだけの余裕がなく、パソコンの中心となるマイクロプロセッサについてはインテルの８０８８を使用することにした。またＯＳ（Operating System、基本ソフト）としてはマイクロソフトのＤＯＳ（Disk Operating System）が採用された。

このような経緯で、年内の発売には間に合わなかったものの、一九八一年にようやく発売にこぎつけた。ＩＢＭ ＰＣの外部仕様は公開されたため、同業他社はインテルのマイクロプロセッサとマイクロソフトのＯＳを購入すればＩＢＭとの互換機を作ることができた。こうしてパソコンの売上規模は急速に伸び、半導体の需要は急増した。

一九七〇年代末に誕生したパソコンは、一九九〇年代から二〇〇〇年代の約二〇年にわたって半導体市場を牽引し、米国がトップの座に返り咲いた。よって図６-５の第二の波には星条旗が描かれており、米国の一勝を示す。

図6-6　2007年に発売されたiPhone

†第三の波はスマホ

現在の半導体需要の中心を担っているのはスマホである。スマホは万能端末として日々の生活に深く入り込み、我々にとってもはや欠かすことのできないものとなっている。

アップル社は「電話を再発明する」とのコンセプトで二〇〇七年に米国内で最初のスマホ（iPhone）を発売した（図6-6）。翌二〇〇八年には機能を拡張したiPhone3Gを発表し、販売地域は日本を含む世界各地に広がった。マルチタッチのパネル操作で画面の拡大・縮小などが可能となって、パソコンに近い機能を持つようになり、業界ではゲームチェンジャーとも言われた。

これに続き、二〇〇八年にはAndroid版のスマホが市場に登場した。Androidはグーグルから無償で提供されるOSで、高級機種から廉価版に至るまで幅広い機能をカバーするのが特徴である。世界全体ではAndroidのシェアが高いが、日本ではiOS（アップルのOS）の比率が高い。日本人にはアップル好きが多いようだ。

スマホには最先端の半導体技術を駆使したデバイスが使われているが、iPhoneの場合はアップルが自社で設計し、台湾のTSMCに製造を依頼している。Androidの場合は設計を米国のクアルコム（ファブレス）などが行い、TSMCに製造を依頼するケースが多い。

スマホにおいてはセットの開発はもとより、半導体でも米国がリードしたため、図6-5の第三の波には星条旗が描かれており、米国の二勝目を示す。

これまでの三つの波を振り返ると、日本は一勝二敗の負け越しである。一九八〇年代に一勝を得た時に、日本は世界の半導体市場で五〇％のシェアを持っていたが、その後は負けが込み、今は一〇％まで落ち込んでいる。この状況を挽回するには、これからの第四の波をしっかりと捉え、これを先導することが大事だ。それによって二勝二敗の五分に持ち込めば、日本半導体復権への道が開ける。

†第四の波はロボティクス

これから本格的に立ち上がる第四の波はロボティクスの波であると予想されるが、すでに市場にはさまざまなロボットが出回っている。

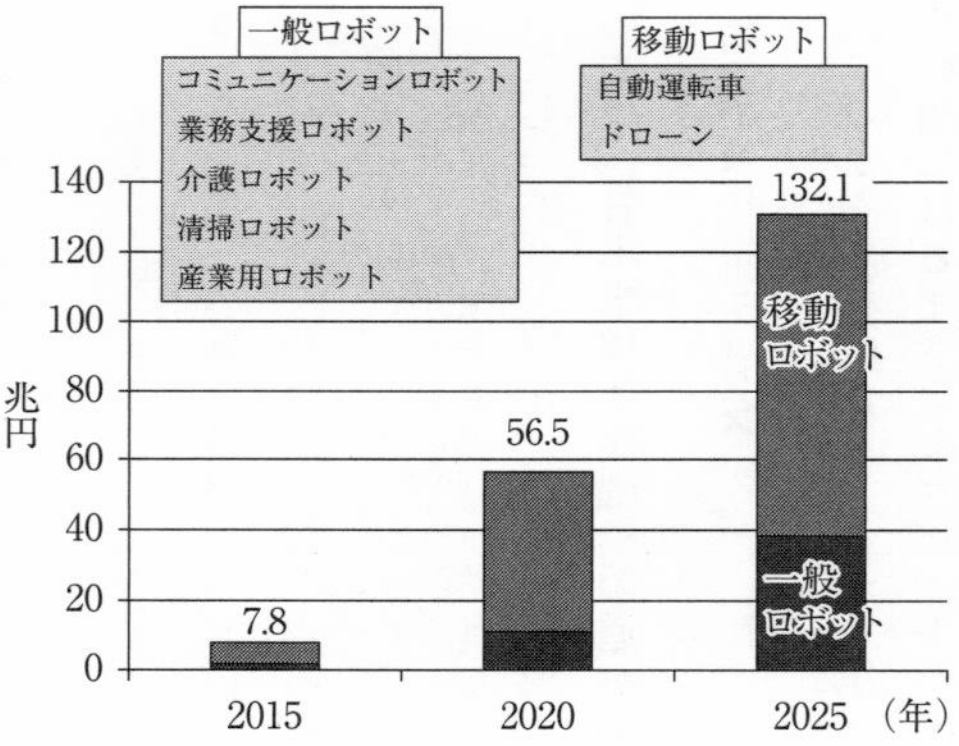

図6-7　ロボットの世界需要見通し
出典：JEITA（2016年）

図6-7はJEITA（電子情報技術産業協会）によるロボティクスの需要予想である。ロボティクスには一般ロボットと移動ロボットの二種類があり、それぞれ次のように分類される。

●一般ロボット

①コミュニケーションロボット

会話、見守り、生活支援、知育、カメラ撮影、エンタメ、受付、接客など。ここにはテレプレゼンスロボット（ロボットアバター）も含まれる。

②業務支援ロボット

危険作業用・災害用、レスキュー、点検、消火、警備、配送、力仕事など

③介護ロボット

移乗介助、移動支援、見守り支援など

④清掃ロボット
家庭用・業務用の清掃
⑤産業用ロボット
製造工程での各種作業（樹脂成形、溶接、塗装、機械加工、電子部品実装、組立、梱包、マテリアルハンドリングなど）

●**移動ロボット**
①自動運転車
②ドローン

二〇一五年のロボティクスの市場規模は全体で約八兆円であるが、二〇二〇年には五六兆円となり、二〇二五年には一三二兆円まで成長すると予測されている。二〇二〇〜二五年の成長倍率は全体で二・四倍（年平均伸び率は一九％）であるが、一般ロボットは三・五倍（同二八％）、移動ロボットは二・一倍（同一六％）となっており、一般ロボットの成長に大きな期待が寄せられている。

図6-8は二〇二〇年、二〇二五年におけるAI搭載ロボットの数量ベースの需要予想

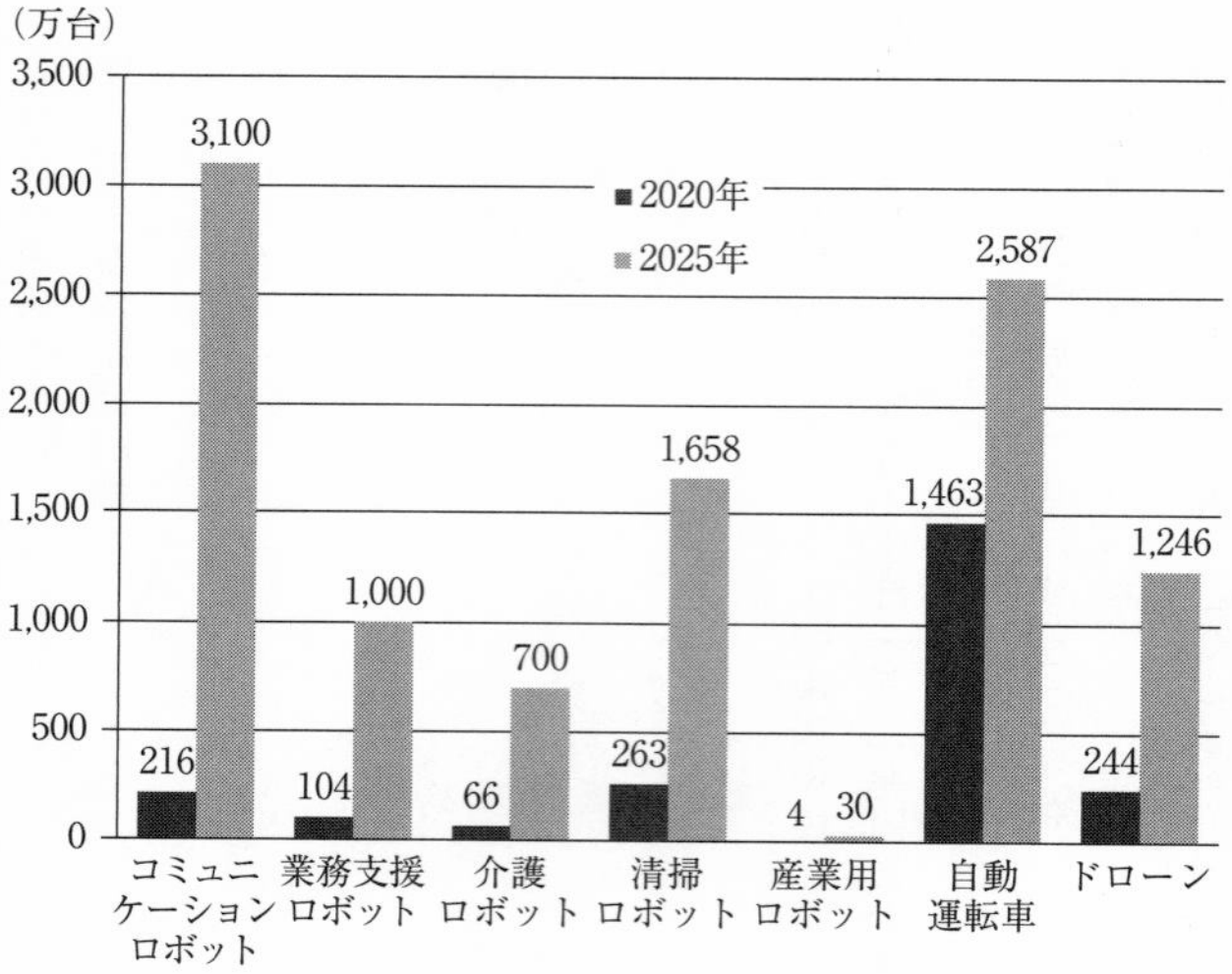

図６－８　AI搭載ロボットの世界需要数見通し
出典：JEITA（2016年）

を示している。特にコミュニケーションロボットは需要が大きく伸びることが予想され、二〇二〇年の二一六万台から二〇二五年にはその約一四倍（三一〇〇万台）まで増える見通しである。

　また、業務支援ロボットは約一〇倍増えて二〇二五年には一〇〇〇万台に達すると予想されており、その他の種類についても、この五年間でＡＩ搭載のロボットが急増する見通しである。

　今後、日本では少子高齢化が進み、医療・介護のみならず製造業、建築業、農業、サービス業などさまざまな分野で人手不足が深刻化することが予想される。このような状況で救世主となり得るのは、高度な知能レベルを持つＡＩ搭載型のロボットである。日本にはロボットに対する強いニーズがあり、この分野を開拓していくことが第四の波での勝利につながる。

3　ロボットの歴史と展望

†産業化以前のロボット

ロボットという言葉が初めて用いられたのは、一九二〇年にチェコスロバキア（当時）の小説家カレル・チャペックが発表した戯曲『R. U. R.（ロッサム万能ロボット商会）』においてであり、これはチェコ語で強制労働を意味するrobota（ロボッタ）を語源とする。戯曲の中でロボットは最初のうち、人の命令に従っておとなしく働くが、次第に自意識を持つようになって反発し、最終的には人間を滅ぼしてしまう。

この戯曲は世界各地で上演されて評判となり、日本でも一九二三年に『人造人間』（宇賀伊津緒訳、春秋社）として出版され、翌一九二四年には土方与志と小山内薫によって開設されたばかりの築地小劇場で上演された。

当時、北海道帝国大学教授で海洋生物学者の西村真琴はこの戯曲に違和感を覚え、人とロボットが対立するというのは本来あるべき姿ではなく、両者は調和をもって存在すべきであると考えた。そのような考えをもとに、一九二八年に制作されたのが東洋初の人間型ロボット「學天則」である。この名称には「天則（自然の法則）に学ぶ」という意味が込められている。

同年、「學天則」は昭和天皇即位を記念する京都博覧会に毎日新聞社から出品されて人々を魅了し、翌一九二九年からは東京、大阪、広島、韓国、中国など各地で展示された。近年、「學天則」は米国に本部を置くＩＥＥＥ（国際電気電子学会）の機関紙で「世界初の人にやさしいロボット」として取り上げられ、詳細が報告されている（*IEEE Spectrum*, June, 2020）。

手塚治虫のＳＦ漫画『鉄腕アトム』は一九五二年から六八年にかけて雑誌『少年』（光文社）に連載され、一九六三年から六六年にかけてフジテレビ系で日本初の三〇分アニメテレビシリーズとして放映された。これは平均視聴率二七・四％を記録し、その後、世界各地でも放映された。この物語の中で、科学省長官の天馬博士は愛息・天馬トビオを交通事故で失う。その代わりとして科学の粋を集めたロボット、アトムを作るが、アトムが成長しないことに絶望し、サーカスに売り飛ばしてしまう。その後アトムはお茶の水博士の庇護のもとで育てられ、悪人や怪物ロボット、宇宙からの侵略者などから人々を守るため、一〇万馬力のパワーとさまざまな能力で戦っていく。

なお、アトムの誕生日は二〇〇三年四月七日とされている。アトムの物語の影響で、日本人はロボットについて「スーパーパワーを持つ、心優しい少年」というイメージを共有しているように思われる。

†ロボットの実用化始まる

一九六二年、実用的なロボットが初めて世に現れた。産業用ロボットの父として知られるジョゼフ・エンゲルバーガーはロボット技術者のジョージ・デボルと共同し、一九六一年にコネチカット州で世界初の産業用ロボットの製造会社、ユニメーションを設立した。翌六二年にはデボルが開発していた産業用ロボット、ユニメートの生産を立ち上げ、GM、フォード、クライスラーなどの自動車メーカーに納入した。自動車工場ではダイキャストやスポット溶接、部品組み立てなどの工程にユニメートが活用され、ファクトリーオートメーションへの道を開いた。

一九六八年には川崎重工がユニメーションと技術提携契約を結び、ユニメートの国産化を推進した。ここから日本における産業用ロボット生産の歴史が始まり、現在、川崎重工は世界の産業用ロボット分野において上位を占めている。

東芝では一九六五年から郵便物仕分けの自動化に取り組んだ。翌一九六六年には手書き数字を読み取る技術開発に取り組み、全国各地から集めた千差万別の手書き文字を分析した。そして一九六七年、光学文字読み取り技術（ＯＣＲ）を使って、世界初の手書き文字読み取りの試作機を完成させた。

一九七三年、日立はシリコントランジスタ組立ロボットを世界で初めて開発した。この装置はＡＷＥ（Automatic Wire-bonder with Eye）と称され、トランジスタ素子の画像をＴＶカメラで撮像し、その二値化データから配線すべき電極位置を見付け、金線で素子とリードフレームを平均〇・二秒で接続する。それまで主に女性工員が行っていた作業を機械に置き換えたもので、省力化に大きく貢献した。

その後、より多端子のＩＣ用ワイヤー・ボンダーＣＡＢＳ（Computer Automated Bonding System）が開発され、多くの端子を持つ樹脂封止型パッケージの自動組立が可能となった。この技術は日本半導体製品の信頼度を高め、その後株式会社新川などワイヤーボンダーメーカーに引き継がれている。

安川電機では一九七二年頃から電動式ロボットの開発に取り組み、七四年にはＭＯＴＯＭＡＮ（モートマン）第一号を完成させ、ロボット展に出展した。これまでの産業用ロボットは油圧式がメインであったが、MOTOMANは国内初の電動式産業用ロボットとなった。当時の電動式は重量物のハンドリングには不向きであったため、最も適したアプリケーションを検討し、アーク溶接作業に照準を当てた。

現在、世界の産業用ロボット分野における上位五社には日本企業が三社入り（ファナック、安川電機、川崎重工）、IFR（国際ロボット連盟）の調査によれば日本企業のシェアは五六％にのぼる（二〇一七年時点）。まさに世界最強の布陣であるといえよう。

一九九九年、米国のインテュイティブ・サージカル社が手術支援ロボット、ダヴィンチを開発した。これはもともと、湾岸戦争の負傷兵に対して遠隔操作手術をすることを目的として米軍により開発が進められた軍事技術が民間に移転されたものである。熟練した医師がロボットのアームに付いている鉗子《かんし》やカメラを遠隔操作して手術を行う。ロボットのアームは人間の手の動きを正確に再現し、医師は高画質かつ立体的な3Dハイビジョンシステムの画像を見ながら、より精緻な手術を行うことができる。日本では約三〇〇台が導入されており、これはアジア全体の五〇％以上を占める。今後、医療の分野でもますますロボットが活用されることになるだろう。

初代 AIBO（1999 年）

2 代目 aibo（2017 年）

図6－9　ソニーの犬型ロボット

†自律移動ロボットの登場

早稲田大学では一九七〇年代から二足歩行ロボットの研究を開始し、一九七三年には初号機となるWabot1を完成させた。同大学はそれ以降も、ヒューマノイドロボットの研究の中心となっている。

ホンダでは一九八六年頃から二足歩行ロボットの開発を進めており、一九九六年にＰ２（プロトタイプ２）モデルを発表した。Ｐ２の性能はこれまでの技術レベルをはるかに凌駕しており、世界のロボット研究者から大きな注目を浴びた。開発の動機には手塚治虫の『鉄腕アトム』があったとされている。

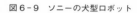

ホンダではこのモデルにさらに改良を加え、二〇〇〇年には小型で人間の歩き方に近い歩行ができる新たな人間型ロボット「ＡＳＩＭＯ（アシモ）」を発表した。

一九九九年、ソニーはエンターテインメント用として世界初の自律型ロボットAIBOを発売した（図6－9）。ネット経由で販売したところ、発売後二〇分で三〇〇〇体が即完売となり、予想を上回る反響を得た。AIBOの名称はArtificial Intelligence roBOt に由来し、日本語の「相棒」という意味も込められている。

AIBOは全長約三〇cmの犬型ロボットで、本体を制御するハードウェアと感情・本能・学習機能などを持つソフトウェアから成る。自分で考えて動くことができ、なおかつユーザーとの経験を共有できる新しいスタイルのロボットで、制御用の半導体としてはマイコン、ロジック、FPGA、DRAM、フラッシュメモリのほかにイメージセンサや各種MEMS（メムス）など当時としては最高の性能を持つ製品が使われている。

AIBOはその後も人気を博したが、事業上の理由から二〇〇六年に生産が中断された。しかし二〇一七年にリニューアルされ、表記を大文字から小文字に変更した二代目aiboが発売され、人気を集めている。

二〇〇二年、米国のアイロボット社から自律型家庭用掃除ロボット、ルンバが発売された。アイロボット社は一九九〇年、マサチューセッツ工科大学の人工知能研究所で働いていたロドニー・ブルックスら三人によって設立された。

「ルンバ」は直径約三四cm、高さ約九cmの円盤状で、前方には接触センサが組み込まれたバンパーがあり、上面の前方中央に赤外線センサがある。数十のセンサで周囲の空間を把握して壁や障害物の位置、ゴミやホコリを感知し、それらの情報を総合して人工知能が四〇以上の行動パターンから最適な動作を選択し、ゴミやホコリを吸引する。現在までに全世界で三〇〇〇万台が販売され、日本でも順調に売上を伸ばしている。

自律移動ロボットは多種多様な分野において発展を続けており、人とロボットが共存する時代に入りつつある。

『日経エレクトロニクス』二〇二一年四月号（日経BP）はロボット特集号で、ロボット関連の最新の動向が報告されている。巻頭には「ロボットはやがて必需品になる」というタイトルで、編集長による次のような主旨の文章がある。「コンピュータはメインフレームから始まり、ミニコン、オフコンを経て、パソコン、スマホへと至った。このアナロジーで行けば、遠くない将来に来るのがロボット一人一台の時代である」。以下に、この特集号の記事からいくつか興味深い例を挙げておく。

●Xenex Disinfection Services製の消毒殺菌ロボット。コロナ禍を契機として病院、学校、ホテルなどで活用されている。

●In Touch Health製のテレプレゼンスロボット。医師がロボットを通じて診断を行うことによって、時間の有効活用が可能となる。

●ＰＦＮ（プリファードネットワークス）製の建築現場用自律清掃ロボット。ＡＩを搭載することによって、建築中のイレギュラーな現場でも清掃ができる。
●ソフトバンクロボティクス製の業務用清掃ロボット「Whiz」。空中浮遊菌量を五分の一まで減らすことができる。
●Locus Robotics製のＡＭＲ（自律搬送ロボット）。ＥＣ（ｅコマース）など物流部門の倉庫で活用されている。
●パナソニック製の病院向け自動搬送ロボット「HOSPI」。薬剤・検体の搬送を自動で行う。

†自動運転車時代の幕開け

自動運転車の歴史は古く、一九八〇年代には専用の道路上を走行する車種が開発されていた。

軍事のための新技術開発および研究を行うアメリカ国防総省の機関、ＤＡＲＰＡ（国防高等研究計画局）では二〇〇四年、世界初となる自動運転車のコンテスト（グランドチャレンジ）を開催した。翌二〇〇五年にも開催したが、いずれの場合も自動車は隔離された場所での走行に限られていた。

二〇〇七年にはアーバンチャレンジと名称を改め、実際の市街地を想定したルートを自動走行するコンテストとなった。コンテストのルールは全長九六kmのコースをあらゆる交通規則を遵守しつつ、六時間以内に完走することである。六チームが完走し、一位はカーネギーメロン大学とGMの合同チーム（平均二二・五km／h）、二位はスタンフォード大学とフォルクスワーゲンの合同チーム（平均二二・〇km／h）、三位はヴァージニア工科大学、四位はマサチューセッツ工科大学（MIT）と報告されている。この頃、自動運転車の開発は大学を中心として行われていたが、現在では企業の研究所が中心となっている。

このようなコンテストを通じて、米国をはじめとする世界各国で自動運転車の実用化への動きが加速していった。そして自動車メーカーのみならず、IT系企業もこの分野に参入することになる。

グーグルは二〇〇九年、自動運転車開発プロジェクトとしてウェイモ（Waymo）を発足させた。ウェイモは二〇一六年にグーグルから分社され、アルファベット傘下に入っている。よってグーグルとウェイモは兄弟会社の関係にある。

ウェイモは現在、自動運転車の走行距離で世界トップの記録を持つ。二〇一七年一二月には運転手なしの完全自動運転車による公道での試験走行を開始した。無人運転車による累計走行距離は二〇一八年七月には八〇〇万マイル（約一二八〇万km）に達しており、同年

コンピュータ歴史博物館に
展示されているウェイモ

フェニックスで完全自動運転車
のサービスを開始したウェイモ

図6－10　自動運転車の技術をリードするウェイモ

一〇月には一〇〇〇万マイル（約一六〇〇万km）に達したと発表した。これは全米の二五都市で行われた走行テストの合計である。

また、二〇一八年一二月にはアリゾナ州フェニックスで自動運転タクシーのサービスを開始した（ただし、安全のため運転手が付いている）。さらに二〇二〇年一〇月には同市において、運転手のいない完全自動運転車のサービスを開始している。

筆者は二〇一八年に米国のコンピュータ歴史博物館を訪問した際、その一角にウェイモが展示されているのを見て驚きを覚えた。案内者に展示の理由をたずねたところ「クルマは一種のコンピュータ端末で、ウェイモの歴史はコンピュータの歴史でもある」という答えが返ってきた。図6－10にはコンピュータ歴史博物館に展示してあるウェイモとフェニックスで完全自動運転車のサービスを開始したウェイモを示す。

†自動車産業変貌の予感

半導体の進歩により自動車の自律走行の技術が向上すれば、ロボットと自動運転車を隔てる境界線はなくなり、両者の融合が進んで、「車は人を運ぶロボット」へと変化していくだろう。これは自動車産業にとって大きなパラダイムシフトとなり、一〇〇年以上の長きにわたり発展を遂げてきた業界の秩序が大きく揺らぐこともあり得る。

ここでカリフォルニア州車両管理局（DMV）が発表した走行データ「自動運転継続距離」（人の介入なしに自動走行した距離の平均）の上位一〇社の内訳を見てみよう（出典『日経エレクトロニクス』二〇二一年五月号、日経BP）。異分野からの参入も含め、その多彩な顔ぶれに驚かされる。

- 米国のIT企業系が三社　一位のウェイモ、八位のNuro（グーグルの二人のエンジニアが独立して起業）、一〇位のZoox（アマゾンの子会社）
- 大手自動車企業系が二社　二位のクルーズ（GMの子会社）、五位のアルゴAI（フォードの子会社）
- 中国企業系が五社　三位のAutoX、四位のPony. ai、六位のWeRide（文遠知行）、七

位のDiDiChuxing（滴滴出行）、九位のDeepRoute. ai

ここで注目すべきは中国系企業の躍進で、上位一〇社中の半分を占めている。自動運転車を次世代の重要な産業分野と捉え、開発に熱心に取り組んでいることがうかがえる。

大手自動車メーカーの関連では二社がランクインしているが、上位一〇社以外では日産自動車（北米子会社）が一六位、BMW（北米子会社）が一七位、メルセデスベンツ（北米R&D）が一九位、トヨタ（研究所）が二四位となっている。

ちなみに一位のウェイモの自動運転継続距離は四万八二〇〇kmで、これは米国横断を五往復できる距離である。一〇位のZooxは二六二〇km、二四位のトヨタ（研究所）は三・八km。トヨタ（研究所）とウェイモでは一万倍以上の差がある。第2章でも触れたアップルカーの自動運転継続距離は二三三kmであり、ランク的には全部で二九社の中ほどの一五位に位置している。

このリストがすべてを物語るわけではないが、この多彩な顔ぶれは自動車業界の大きな変貌を予感させることはたしかである。

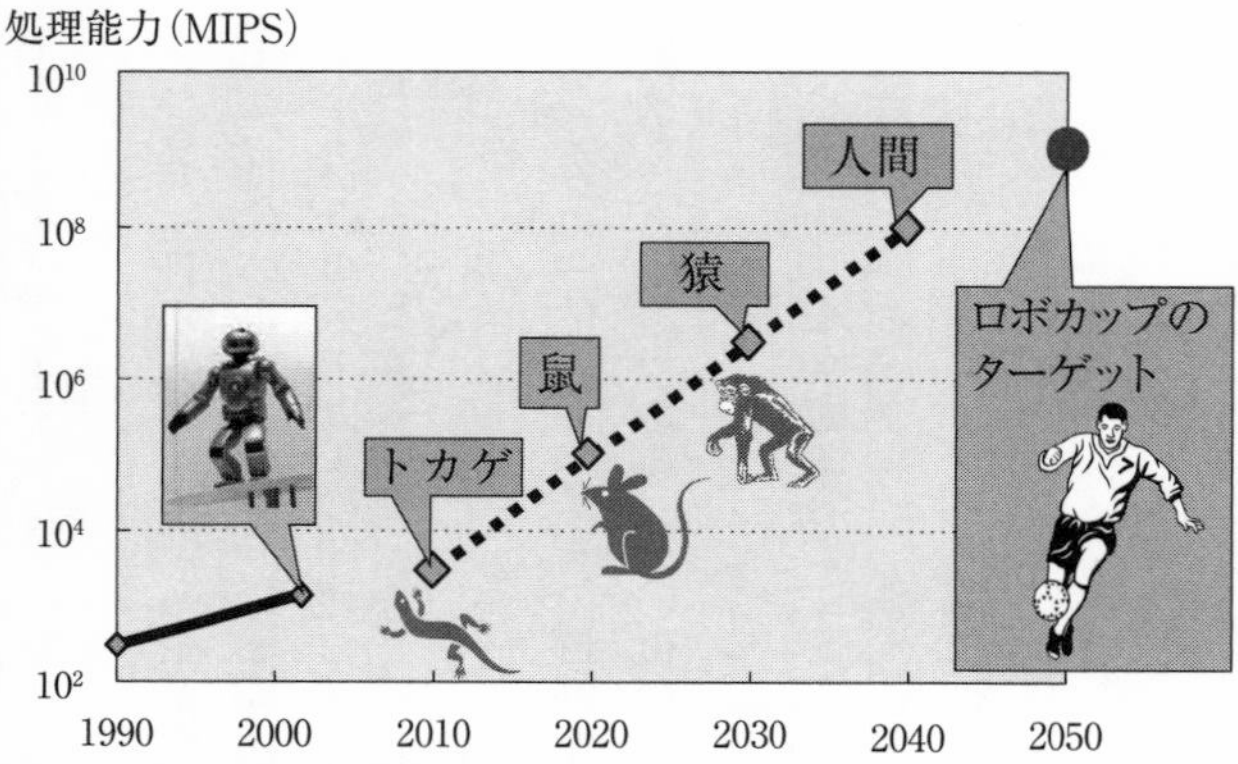

図6－11　ロボット知能の進化予想
出典：カーネギーメロン大学モラベック教授

†ロボカップの目標は達成できるか?

カーネギーメロン大学のハンス・モラベック教授はロボット知能の進化について、図6－11のように予想している。二〇一〇年の知能はトカゲのレベルであったが二〇二〇年にはネズミのレベル、二〇三〇年にはサルのレベル、そして二〇四〇年には人間のレベルに達する。このような急速な進化の予測は、半導体におけるムーアの法則をその背景としている。

ロボット技術者たちはこのような状況を背景として、二〇五〇年にロボカップの目標を達成することを目指している。その目標とは「二〇五〇年に人型ロボットでワールドカップ・チャンピオンに勝つ」ことである。このプロジェクトは北野宏明（ソニー）ら日本の研究者によって一九九三年に提唱された。第一回ロボカップは一九九七年に名古屋で開催され、それ以降は毎年、世界各地で開催されている。研究成果を同時開催のシンポジウムで公開することにより、最新技術が広く共有され、技術の進歩が加速することが期待されている。

さて、研究者たちはロボカップの目標を達成することができるだろうか？　それは今のところ誰にもわからないが、半導体の技術革新が成功の鍵を握っていることは間違いない。

4　ロボティクスの波に乗れ！

†経産省の衝撃的な予測

日本半導体のシェアは一九八〇年代末をピークとして今日に至るまで右肩下がりで推移してきたことはすでに述べたところである。その後の見通しはどうであろうか？

図6−12は経産省によるシェアの予測であるが、これまでのトレンドを延長すれば二〇三〇年にはほぼ〇％になるという衝撃的な予測になっている。これはまさに半導体デバイス産業が絶滅危惧の状態に陥っているということを意味している。

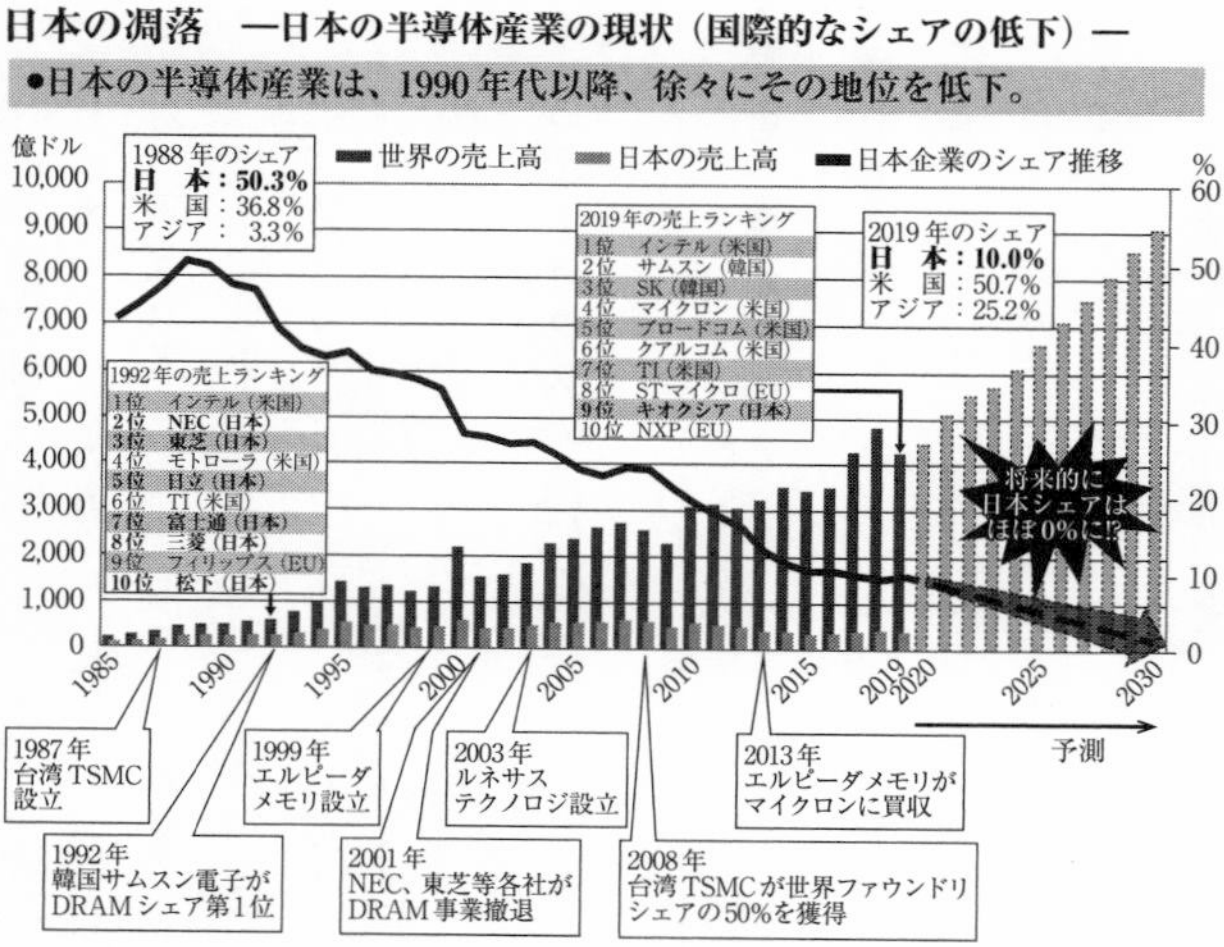

図6－12　経産省資料「半導体戦略（2021年6月）」
出典：Omdiaのデータを基に経済産業省作成

一方、図6‐13は二〇〇六年から二〇二〇年までのデバイス産業と川下産業に当たる電子機器産業の世界シェアの推移を示したものである。

電子機器のシェアは二〇〇六年に二三%であったが、二〇二〇年には一一%へと落ち込んだ。半導体の方は同期間に二一%から九%まで落ち込んでいる。双方ともに同じく一二ポイントの落ち込みがあり、双方が連動して落ち込んでいることを示している。

電子機器の落ち込みの背景は、得意としていた家電製品の分野がピークアウトし、伸びのスマホ分野には乗り遅れたことにある。端的に言えば「半導体を使うマーケットが日本では消えていきつつある」ということを示している。半導体側から見れば、「半導体を買ってくれるところが国内ではなくなりつつある」ということになる。

既存の市場を前提にすれば、このような右下がりのシェアの傾向を反転させることは難しいだろう。反転させるためには新しく立ち上がる市場において高いポジションをとることが必須の条件となる。これまでも論じたように、日本半導体のシェアを反転させるには、新しく立ち上がるロボティクスの波を先導し、これを制することにある。

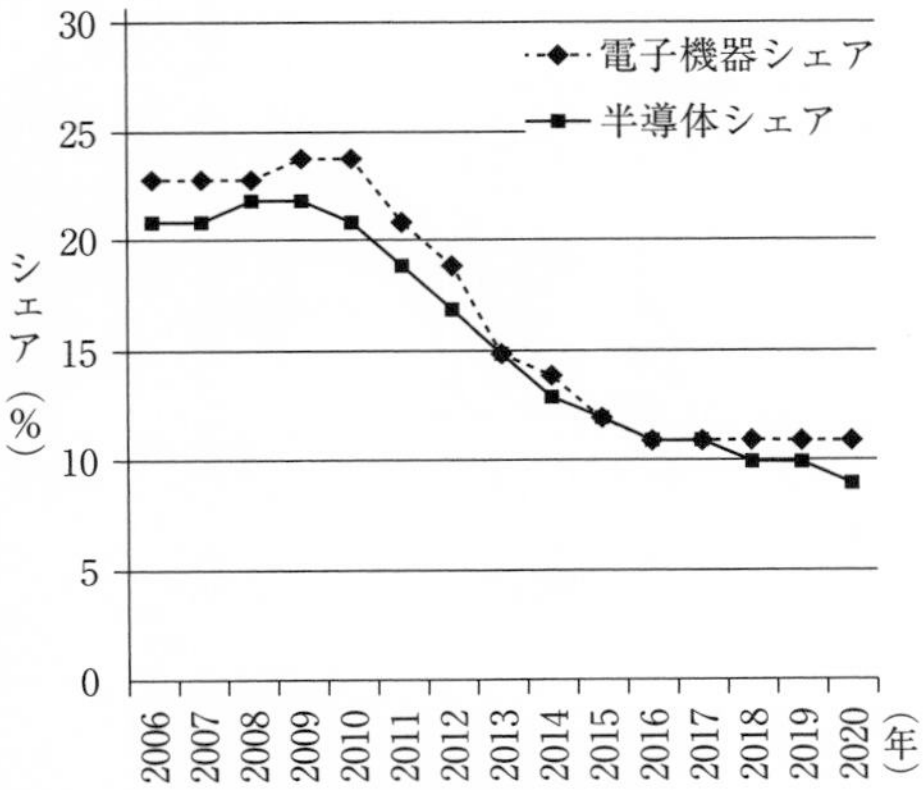

図6－13　日本の電子機器および半導体のシェア推移
出典：SRL Monthly（2021年1月）

ロボット向け半導体の特徴

ロボット向け半導体をパソコンやスマホ向けの半導体と比べると大きな違いがある。図6－14は一つの事例であるが、その特徴をよく示している。図の右側のモア・ムー

モアザン・ムーア型		モア・ムーア型	
センサ類		**各種 LSI**	
CCD センサ	2個	64ビット・プロセッサ	3個
マイクロホン	7個	16ビット・マイコン	29個
角速度センサ	1個	カスタム LSI	4個
加速度センサ	3個	DSP	23個
圧力センサ	8個	FPGA	3個
IR 距離計	3個	DRAM	192MB
スピーカー	1個	Flash メモリ	16MB
温度センサ	6個		
触覚センサ	6個		
合計	37個		

ソニーのヒト型ロボット(2002年)

図6－14　ロボットに使われる半導体の例

ア型デバイスとは、マイクロプロセッサやメモリなど微細化技術をベースに作られた高速性能のデバイスである。先に述べたムーアの法則の延長上にあることからこのような名前がついている。

一方、図の左側のモアザン・ムーア型デバイスは微細加工に依存することなく、半導体の持つ性質をそのまま活用する機能デバイスである。イメージセンサや各種のアクチュエータなどがこれに属する。ムーアの法則を超えていることからこの名前がついている。

パソコンやスマホの場合は圧倒的にモア・ムーア型が多く、モアザン・ムーア型は内蔵カメラ用のイメージセンサなどに限られている。一方、ロボットにおいてはモア・ムーア型のみならず、モアザン・ムーア型の数も大変多く使われる。

モア・ムーア型デバイスはロボットの知能を司る

役目を持つので、最先端の半導体チップが使われる。また、モアザン・ムーア型では、視覚、聴覚、触覚などの五感に相当するデバイスが使われ、運動を制御するための加速度センサ、角速度センサ、圧力センサなども使われる。将来的には味覚や嗅覚を得意とするロボットも出てくるだろう。

また、ロボットの体を動かし、手足を操作するためにはモーターとそれを駆動するパワー半導体が必要となるが、これもモアザン・ムーア型のデバイスのひとつである。

ロボット向け半導体の強化は知能部のAI半導体、五感相当の各種センサ、体を動かすためのパワーデバイスの三方向に向けて進める必要がある。その中でも強化すべき最重点は知能部のAI半導体の開発である。

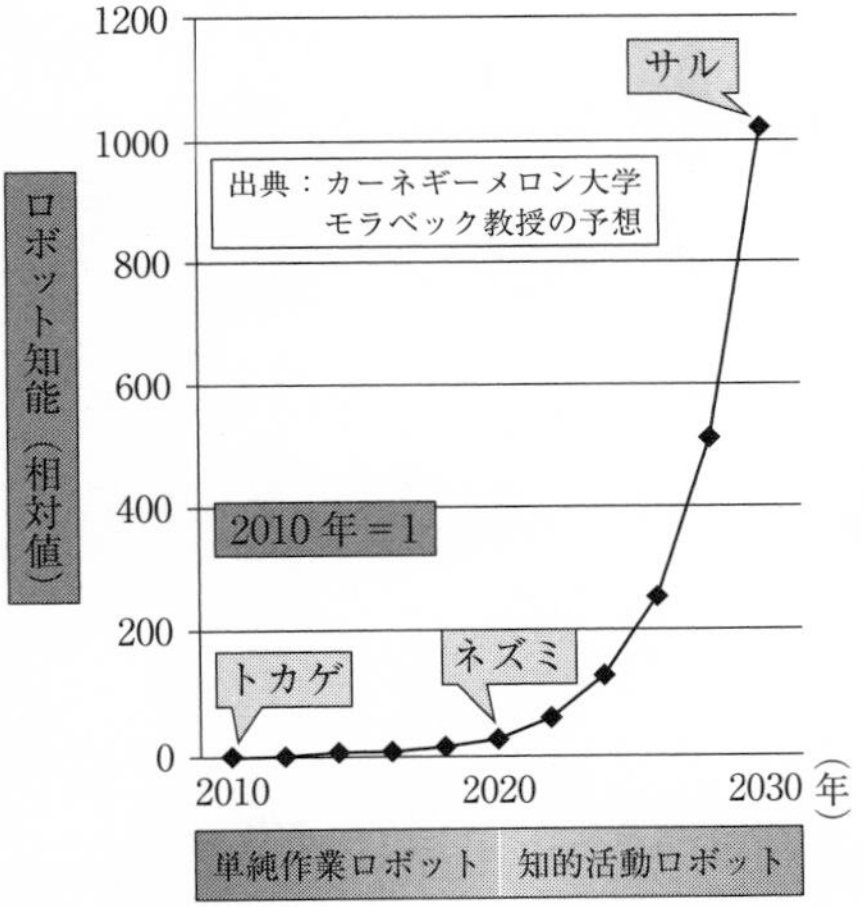

図6-15　ロボット知能の進化

ロボット知能の進化については図6-11においてモラベック教授による予測を半対

数グラフ表示で示した。一方、図6－15は同じ予測について、期間を二〇一〇年から三〇年までに限って、リニアスケールで表示したものである。この図からわかるように二〇一〇年のトカゲのレベルから二〇二〇年のネズミのレベルまでの進歩は極めて低レベルにおける進化であり、目に見えるほどの進化はない。それに対して、二〇二〇年のネズミのレベルから二〇三〇年のサルのレベルに至る進化は目を見張るものがある。この図が意味するところは、「これからの一〇年間、ロボット知能には目を見張るような進歩がある」ということであり、これまでは単純作業を行うロボットが中心であったが、これからは知的活動ロボットが中心になっていくことをも示している。

†官民連携での先行開発

日本は少子高齢化の先進国であり、「人とロボットが共存する社会」を初めて経験することになる。これから本格的に立ち上がるロボティクスの波で先行し、これを制覇しなければならない。そのための必須の条件は世界に先行してロボット向けに最適の半導体デバイスを開発し、ロボティクス産業への参入障壁を下げることである。開発は高性能のＡＩ半導体が中心となるが、その他にも各種のセンサやパワーデバイスなどモアザン・ムーア型と呼ばれる多くのデバイスも必要であり、総合的な対応が必要である。

競争力のあるＡＩデバイスを開発することは容易ではなく、以下に示すようにその難易度は極めて高い。

●最先端のプロセス技術と三次元実装技術が必要となる。

現在、日本には最先端のプロセス技術はないので、現実的な対策としてはＴＳＭＣのプロセスを活用することになる。この点については東京大学とＴＳＭＣとの間で二〇一九年に合意ができており、東大のシステムデザインセンター（d. lab）がゲートウェイとなって、ＴＳＭＣプロセスにアクセスすることが可能となっている。

一方、三次元実装技術については機械的な接続方式の技術がすでに確立されているが課題も残っている。近年、無線方式による接続技術によって消費電力を大幅に削減する実装法が開発されており（東京大学黒田忠広研究室）、コードレスを前提とするロボティクス分野においては最適の技術として期待される。

●多種多様のロボット向けに半導体開発が必要となる。

図６－７に示すようにロボットは「一般ロボット」と「移動ロボット」に大別されたあと、さらに細分化されて多種多用なロボットに分類される。一つのタイプで大量に生

産される場合は別であるが、個々のロボット向けに半導体を開発することは現実的でない。逆に一つのデバイスですべての分野をカバーしようとすると冗長性が高くなって競争力を失う。解決策としては共通性の有無によってグルーピングを行った上で、それぞれの分野に特化した製品を作ることになる。すなわち、ASSP型（応用分野特化の標準製品）のデバイスを揃えることである。

●ロボットは高度の専門性を持つ要素技術の集積から成っている。

必要な要素技術としてはメカニクス制御、信号処理、画像認識、音声認識／合成、通信制御、セキュリティなどがあり、これらが集積された総合技術となっている。したがってロボット向け半導体の開発のためには異分野結集型の組織（半導体、ロボット、自動車、コンピュータ、通信など）で対応しなければならない。

これらの難題を克服してロボティクス向け半導体デバイスの基盤技術を先行して確立するために、官民連携での強力な開発体制の構築を提言する。

そこでなすべきことは単に高性能のチップを開発することではなく、新分野の産業を立ち上げることを念頭に、ハードウェア／ソフトウェアを含む一つのプラットフォームとして確立する必要がある。取り組むべき課題を次に示す。

①ロボット向け最適アーキテクチャ、OS、ハードウェア／ソフトウェアの開発
②最高の知能レベルを持つAIチップの開発
●最先端のプロセス技術、最新の三次元実装技術、最適アーキテクチャをベースにして開発
●プロセス技術や実装技術の進化に合わせてバージョンアップ
●製品展開のためにファブレス半導体企業の育成強化
③コードレス対応のための低消費電力化の実現
④多種多様なニーズに応えるためのスケーラビリティとフレキシビリティの確保
⑤既存企業と連携してモアザン・ムーア型デバイスの強化
⑥大学等と連携してロボティクス人材の計画的育成

このようにして開発された成果をベースにして、ファブレス半導体企業は得意とする分野向けのASSP型製品への展開が可能となる。その製品を国内のみならず世界市場に提供することで、その分野におけるトップシェアを目指すことができ、半導体復権への道につながる。

また、ロボット企業においてはロボットについての斬新なアイデアが得られた場合、それを実現するためのASSP型半導体製品が近くにあれば、それを使ってすぐに製品化することができ、短期間での市場参入が可能となる。製品を国内のみならず、世界市場に販売することでその分野でのトップシェアを目指すことができる。

ロボティクス市場が立ち上がることによって、半導体・ロボットの両分野において、既存企業のみならず新規のベンチャー企業にとっても大きな活躍の場が開ける。斬新なアイデアを持つベンチャー企業が世界を股にかけて活躍すれば日本社会全体の活性化につながるだろう。

さて、このようなことを成し遂げるための官民連携の組織体制はいかにあるべきか。この点については筆者の及ぶところでなく、その任を第一線で活躍されている方々に委ねたいが、その参考として、次項「内外の事例に学ぶ」に四つの事例を示す。この中、三件は成功事例とされているものであり、残りの一件は進行中のものである。

†内外の事例に学ぶ

半導体産業やその関連産業（コンピュータや通信、国防分野など）の発展の過程において、国として重大な局面に遭遇し、国のレベルでの対応が必要となる場合がある。そのような場合、官民連携の体制でこれを乗り越えなければならない。次に示す案件はその代表的な事例であり、そのような重大局面においてどのような対応策が取られたかを示している。

●超LSI共同研究所(日本、一九七六年〜八〇年)

半導体の国家プロジェクトとしては世界で初めてとなるプロジェクトであり、一九七六年から八〇年の四年間実施され、日本の川上産業(製造装置や材料)の高度化に大きく貢献した。

一九七〇年代の日本においてはコンピュータ産業の振興が重要な国家戦略であった。一九七四年頃、IBMの次世代機に一メガビット級のDRAMが使われるという情報が流れて、政府もコンピュータ企業も危機感を持った。当時、日本で生産されていたDRAMは一〜四キロビットのレベルであり、このままでは日本のコンピュータは太刀打ちできないと思われたのである。

このようなことを背景に官民連携の共同プロジェクトが企画され、コンピュータ企業五社(富士通、日立、三菱、日本電気、東芝)と通産省(当時)が合計で七〇〇億円を拠出して一九七六年にプロジェクトが発足した。

共同研究所には各社からそれぞれ約二〇名が参画し、超LSI開発に必要な「基礎的共通的」課題を取り上げて研究がスタートした。「微細化のテーマ」としては、電子ビームを使ったマスク描画装置とウエハー露光装置の開発が成果を上げた。また、「シリコンウエハーの高品質化」についても成果を上げ、産業界に還元された。

米国では当初、この方式について「官民癒着のやり方で、アンフェアだ」という非難の声もあった。しかし、後述のようにこの方式を参考にして、一九八七年に官民連携のSEMATECHが設立された。

●SEMATECH（米国、一九八七年〜）

米国の半導体は一九八〇年代半ばまで世界のリーダーとして、最大のマーケットシェアを持っていた。日本は家電製品向けのデバイスやDRAMでシェアを伸ばし、ついに一九八六年にはそのシェアが逆転した。半導体の優位性が失われると、コンピュータ分野、通信分野さらには国防にも影響が及ぶことを米国では恐れた。官では国防総省、民ではSIAが中心になって官民連携の共同プロジェクトの設立を強力に推進した。

一九八七年にSEMATECHが設立され、その資金は会員企業から計一億ドル／年、国防総省から一億ドル／年の拠出で賄われた。会員企業としてはAMD、ハリス、インテルなどの半導体メーカーに加えて、AT&T、DEC、HP、IBMなどの通信・コンピュータ企業も入っており、全部で一三社である。当初、SEMATECHではデバイス・プロセス技術の開発に重点を置いていたが、次第に生産設備開発の方に軸足を移していった。

このような共同活動と並行して、個々の半導体企業では製造技術（How to make）については SEMATECHの成果を利用し、自らは新製品の創造（What to make）の方に重点を移し、この点で他社との差別化をする戦略を強化した。（第五章第五節「昇る米国、沈む日本」参照）。

●ITRI（Industrial Technology Research Institute）（台湾、一九七〇年代～）

現在、台湾のファウンドリ事業は世界最大の規模を誇っており、TSMCとUMCの合計シェアは六一％である。この両社を生み出したのがITRI（日本の工業技術院に当たる）である。一九七〇年代、台湾政府は半導体産業を国内に育成することが国家の重大な課題と認識し、米国のRCAと技術提携してITRIの傘下の研究所においてCMOS技術の移管が進められた。技術の移管が終わると、ITRIの電子部門において生産ラインの建設を進め、それが完成すると携わった技術者と共にスピンアウトしてベンチャー企業を立ち上げた。その最初の事例がUMCであり、一九八〇年に設立され、当初はCMOS技術を用いて時計用や音楽用のデバイスを作って事業を行った。すなわちIDMとしてのスタートであったが、途中で路線変更し、現在は世界第三位のファウンドリ企業となっている。UMCの設立から少し遅れて、一九八五年に台湾政府は米国半導体業界で名を成したモリス・チャン（元TIの上級副社長）をITRIの院長として招聘し、台湾半導体の発展の推進役を託した。チャンは台湾で普通のことをやっても成功しないと考え、製造に特化したビジネスモデルを考案する。当初は反対もあったが、これを説得し、一九八七年に世界初のファウンドリ企業としてのTSMCを設立した。製造はITRIの電子部門が作った台湾で初めての六インチラインの工場で行われた。

現在、台湾が世界最強のファウンドリ産業を持つようになった要因は、政府の半導体産業育成に対する揺るぎない戦略的意志とモリス・チャンの優れた先見性とが結びついたものである。

●AI半導体強化戦略（韓国、二〇二〇年〜）

このプロジェクトは韓国政府が二〇二〇年一〇月に発表したものであり、始まったばかりである。どのような成果につながるのか、現時点で判断することはできないが、韓国政府の戦略的意志が明確に示されており、参考にすべき点が多々含まれている。

韓国の半導体デバイス産業はサムスンとSKハイニックスという二大企業を擁し、世界シェアは一八％で米国に次ぐ二位である。韓国経済の屋台骨を支える重要戦略産業であるが、両社ともメモリ（DRAMとNANDフラッシュ）を主力としており、ロジック系半導体では存在感がない。

今回の新戦略ではAI半導体を「第二のDRAM」と位置付けており、メモリ一本足からの脱却を目指している。政府は二〇三〇年までの一〇年間で約一八〇〇億円を投じ、AI半導体分野で二〇％のシェアの獲得を目標とする。その過程でAI専門企業二〇社を育成し、専門人材三〇〇〇人の確保を目指す。また、開発したAI半導体を国のデータセンターに試験的に導入し、実用化の実証を行う。

韓国政府がこのような戦略を打ち出した背景には、AI半導体が依然として市場の創成期であるため、政府主導の育成政策によって世界市場を先取りできるとの判断がある（『電子デバイス産業新聞』二〇二〇年一〇月二二日）。

日本の半導体デバイス産業は現在絶滅危惧の状態となっており、これはまさに国家的な重大局面である。半導体は現代文明のエンジンであり、半導体を失って日本の明るい未来はない。

少子高齢化はすでに始まっており、社会の大きな転換の局面にある。人手不足問題を緩和するためにはロボット産業の先行的な立ち上げが課題であるが、そのためにはロボット向け先端半導体技術基盤の早期開発が急務である。官民連携の強力な体制でこれを推進すべきことを提言する。

第7章 わが人生のシリコン・サイクル

1 「ミコロビシオキ」の人生

†シリコン・サイクルとは

本章は筆者の半導体人生についての回想記である。したがって、呼称についても「筆者」という形ではなく、「私」という第一人称を使わせていただくことにする。本章は、シリコン・サイクルが個人の人生の軌跡にいかに大きなインパクトを与えたかについてのケース・スタディーとしてお読みいただければ幸いである。

今日では「シリコン・サイクル」という言葉は一般的にも知られるようになっているが、半導体産業の好況と不況とが激しく入れ替わることを意味している。以前には、仮説の一つとして「半導体市況のピークはオリンピックの年に合致する」ということも言われた。根拠としてその年にはテレビやVTRなどの民生機器の需要が高まり、しかもアメリカ大統領選挙の年にも当たるので、景気が刺激されて半導体の市況に反映されると考えられたのである。

過去のオリンピックを振り返ってみても一九七六年のモントリオール、一九八〇年のモスクワ、一九八四年のロサンゼルス、一九八八年のソウルまで、その仮説どおりにオリンピックの年の半導体成長率は平均を大きく上回り、シリコン・サイクルのピークと合致していたのである。しかし、一九九二年のバルセロナの時は、むしろ不況に見舞われた。また、一九九六年のアトランタの時には史上最悪ともいえる半導体不況に落ち込んだ。そのようなことから、「オリンピック仮説」も説得性が失われ、今日言えるただ一つのことは「半導体の市況は予測不能」ということである。この予測不可能性こそがシリコン・サイクルの本質であり、多くの企業や半導体従事者にもさまざまな影響を与えたのである。

私の半導体人生を振り返ると四つの山と三つの谷の時代があり、これを総括すれば「ミコロビシオキ（三転び四起き）の半導体人生」ということになる。三つの谷の時代は全てシリコン・サイクルの不況の谷と合致している。「谷の時代」の中にあっては将来への展望をまったく失って、「自分の半導体人生もこれまでか！」といった絶望感に襲われたが、半導体に特有の不思議なダイナミズムによって、新しい道が拓かれ、次の山に挑戦することができた。その背景には先輩、同僚、後輩など多くの方々のご支援とご鞭撻があり、生涯忘れることのできない思い出となっている。

†日立半導体第一期生

私が日立に入社した一九五九年は、会社の創業五〇周年を間近にして、全体が大変に活気づいていた。とくに、創業社長小平《おだいら》浪平氏の国産技術振興の思想のもとに技術開発に力を注ぎ「技術の日立」として輝いていた。私は大学で半導体を専攻し、東京都小平市に創業して間もない半導体部門に配属された。先輩社員はすべて他の事業所からの転勤者であり、大学の新卒として入社した私たち七名が奇しくも日立半導体の第一期生となったのである。

私の最初の仕事はラジオ用に使われるトランジスタの歩留向上のために製造現場に配属となり、しばらくしてテレビ用のメサ形高周波トランジスタの新製品立ち上げの仕事を担当するようになった。このときの知見が後日（一九七一年）の学位論文の大事な基盤になったのであるが、この当時、半導体の分野には学位論文のテーマになるような未知の部分が多く残されていたのだ。

一九六〇年代の日本の半導体産業はラジオなど民生機器用のトランジスタで躍進中であったが、広く世界を見渡せば半導体技術は次のパラダイムへ移ろうとしていた。一九五八年に発明された集積回路の時代がいよいよ立ち上がり始めており、半導体技術者にとってはわくわくするような新しい時代が始まっていた。私の所属は武蔵工場の製造部門であったが、幸いにして先輩の伴野正美氏、佐藤興吾氏、柴田昭太郎氏など技術に深い理解をもつ上長に恵まれ、海外留学の推薦をいただいた。

一九六五年六月、半導体の分野で研究開発の中心になっていたスタンフォード大学に留学した。スタンフォード在学中に特に忘れることができないのがＬＳＩ（大規模集積回路）との出会いである。もともと私の留学の目的は集積回路（ＩＣ）について学ぶことであったが、米国ではすでに次の時代が始まろうとしていたのだ。ＬＳＩの話を最初に聞いたのは一九六六年二月、ペンシルヴェニア大学における国際学会（ＩＳＳＣＣ）に出たときであった。このときのキーノート・スピーカーがＩＣの発明者として当時すでに有名になっていたジャック・キルビーであった。当時のＩＣの集積度がせいぜい数ゲートの時代に数百ゲートを集積できる技術についてのスピーチで、まさに衝撃的とも言える印象を受けた。留学から帰国しての報告の中で最も強調したのが「日立でも早くＬＳＩの時代に備えるべきである」という趣旨の提案である。

当時の上長の伴野氏、柴田氏によってその提案が認められ、帰国の一年後、一九六七年に中央研究所に転属となり、永田穣氏のグループでＬＳＩの研究に従事することになった。このころから日本においては、電卓用ＩＣの実用化が立ち上がり始めており、翌一九六八年、再度武蔵工場に設計課長として転勤となった。半導体の分野が大きく羽ばたく前兆のような時期に当たっていたのだ。

†日立史上最年少の部長

そして、一九六九年の一一月に日立の歴史においても前例のない、人事・職制の大改革が行われた。当時の日立の基本的な組織は「工場中心主義」であり、設計・製造・管理など事業運営の枢要な機能を工場に集結させていた。一九六九年の改革では、半導体部門についてはその前例を破って「事業部中心主義」に変えるというものだった。会社運営の基本的な原則を変えるような大改革だったのであるが、武井忠之氏、伴野氏など半導体部門の幹部の提案を受けて、当時の駒井健一郎社長が「エレクトロニクスには新しい道を拓くべき」という英断を下されたのであった。いわば「一社二制度」の形ではあるが、あの頃の日立のダイナミズムを象徴するような改革だったといえる。

その改革では組織面だけでなく人事面でも大幅な若手抜擢が行われた。私は三二歳で「製品開発部長」に任命されたが、これは後にも先にも、日立における最年少部長の記録になった。いろいろな新聞、雑誌などに大きく取り上げられたが、忘れられないのは当時すでに作家としての名声を博していた城山三郎氏からのインタビューである。大変緊張しっぱなしの一時間であったが、後日拝読すると「マンモス日立・三〇代部長の苦悩」と題して大変丁寧にまとめていただいており、恐縮するとともに胸をなでおろした。

しかし、このような抜擢人事は大会社においては単純に「よかった、うれしい」とはいかない。このニュースでマスコミがにぎわっていた頃、先輩からいただいたアドバイスがある。すなわち、「今回の異例の抜擢は大変名誉なことではあるが、わが社の伝統的な重電分野ではあり得ないことだ。これは「出る杭」になったことを意味する。出る杭は打たれることを忘れるな」。重電系とエレクトロニクス系とでは文化も伝統もまったく異なっていることのアドバイスであったが、この言葉の本当の意味がわかったのは後々のことであった。

さて、製品開発部長になっての最大の仕事は電卓用LSIの開発と量産化だった。中央研究所との共同で開発したCAD（コンピュータ利用の設計）技術で他社に先行することができたため、電卓メーカーから大量の注文をいただき、この分野では五〇％以上の圧倒的なシェアを確保した。この成果によって、一九七三年には中央研究所の永田氏、久保征治氏とともに市村賞を受賞した。

この年に今村好信氏が半導体の事業部長に就任された。今村氏は社内で若手役員のホープとして将来を嘱望されていたので「半導体部門にエース登場」といった感じで、大いに士気も上がり、あわせて業績も大きく伸長した。国内では電卓用ＬＳＩの販売が好調でトップのポジションが続いており、世界でも上位三社に名を連ねるほどになっていたのである。この時期が日立半導体の第一期黄金時代といえるだろう。今村氏には欧州、米国と二度の海外出張にお伴させていただき、事業の経営についていろいろなことを教えていただいた。

†オイルショックで部長解任

しかし、この得意のときは、オイルショックに伴う景気後退によって終わりを告げた。一九七四年から世界的な不況に陥り、日立の半導体部門の業績も急速に悪化して赤字転落となったのだ。私の担当製品の分野も例外ではない。そして、本社の意向によって前例のない驚きの組織・人事の刷新が行われた。半導体事業部の四つの工場の中の二つの工場が分工場に格下げになり、これに伴って半導体分野の多くの幹部が更迭または格下げなどの処分を受けた。翌一九七五年には半導体事業の再建のために、重電分野の幹部（仮にＡ氏）が事業部長として就任した。このとき以来、日立半導体の経営は急速に重電方式に舵が切られていくことになる。

さて、就任に際してＡ氏が最初に行ったことは、「事業部中心」になっていた組織を日立伝統の「工場中心」に戻すことであった。今回の半導体事業の赤字転落の最も大きな要因は、半導体部門に特有の事業部中心の組織によっているからだという理由からであった。この考えをもとに、組織の再編成が行われ、これまで事業部に所属していた私たちの製品開発部も武蔵工場の中に取り込まれることになる。そして一九七六年に、私自身も部長を解任され、副技師長に任命された。副技師長は技術の専門スタッフであり、マネジメント職とは異なる位置づけである。当時の日立の常識では、部長職から副技師長への鞍替えの後はマネジメントへの復帰は望むべくもない。入社以来はじめて、谷底へ転落するようなことになったのである。悶々とした日を送る中で思い出されたのが七年前の先輩の言葉である。「出る杭」は打たれるというのはこのことだったのか。

しかし、半導体のダイナミズムによって思わぬ展開が始まる。オイルショックの後から半導体産業は新しい転換期を迎えていたのだ。カスタムＬＳＩを中心とする電卓の市場はすでに成熟期に達し、メモリ・マイコンなどの標準品を中心とした分野が勢いを増していたのである。そして、ここではインテルなどの新興勢力を中心に米国が圧倒的にリードしていた。米国にはもっと学ぶべきものがあることを強く認識したのである。そしてシリコンバレー内に設計拠点を設立すべく提案して、自らも活動の中心を米国に移し、会社設立の準備を始めた。当初は三〜四名程度の事務所でスタートしたが、これが後には日立半導体の先端デバイス開発の一翼を担うことになるＨＭＳＩ（Hitachi Micro-Systems International）の前身である。

しばらくして、日立ではメモリ・マイコンの開発部門を従来製品分野から独立させる体制が必要となり、米国にいた私が呼び戻されてその担当部長に就任することになった。副技師長から部長への復帰はあり得ないというのが当時の常識だったが、それが実現した背景には半導体の難しさを知る先輩から事業部長のＡ氏に対して強い推薦があったということを後になって聞かされた。忘れることのできない人の絆である。メモリとマイコンというこれからの半導体の主戦場でチャレンジできる機会が与えられたことに身の引き締まるような高揚を覚えたのである。

2　メモリでの三冠達成

†高速ＣＭＯＳデバイスへの挑戦

オイルショックの後の一九七〇年代後半から八〇年代末ごろまでは、日立のみならず日本の半導体メーカー各社が国内から海外に目を転じて、大きく躍進した時期である。そしてこの躍進が日米半導体摩擦を引き起こした経緯についてはすでに述べたところである。設計部長として返り咲いてから最初に取り組んだ施策が次世代メモリへの集中であり、その時の決め手の一つが高速CMOSデバイスの開発と商品化への挑戦であった。

今日、半導体の主流デバイスはCMOSであるということが当然のことのように受け止められている。しかし、当時のCMOSは、消費電力は低いがスピードが遅いため、世界市場の中ではいわばニッチ技術と考えられていた。そのころ立ち上がり始めていたNMOSがこれからの主流と見なされ、それが「業界常識」だったのである。われわれはこの常識にチャレンジしてCMOSデバイスの高速化に取り組んだ。

高速CMOS技術の源は一九七六年に日立中央研究所の酒井芳男氏、増原利明氏が発明した「二重ウエルCMOS」である。ウエル構造の最適化によって回路性能を格段に改善する新技術であり、Hi-CMOS技術と名づけられた。後日両氏はこの発明によって、全国発明表彰を受けたのである。

発明者達からこの技術についての説明を受けたとき「この技術は素性がよい」と直感し、重点テーマとして取り上げることにした。早速に研究所と工場の両方からなる製品化プロジェクトを組織し、研究所からは発明者の増原氏、酒井氏他、工場からは安井徳政氏をリーダーとする設計チーム、さらに試作・製造部門からもエース・クラスの精鋭をスカウトした。

最初の製品化のターゲットになったのが、当時最高速であったインテル社の２１４７（ＮＭＯＳの四キロビットＳＲＡＭ）の性能をＣＭＯＳで実現しようというものだった。当時の業界常識では無謀とも言える目標であったが、プロジェクト・メンバーは夜を日についで奮戦し、見事にそれを達成したのである。型名をＨＭ６１４７としたＣＭＯＳ型メモリはインテルのＮＭＯＳ型とスピードは同じでありながら消費電力を桁違いに小さくすることができた。このデバイスは「ＮＭＯＳが主流」という業界常識を覆し、ＣＭＯＳがこれからの本流になることを明確に示す最初のデバイスになったのである。この画期的な製品の開発によってわれわれは一九七九年にＩＲ１００賞をいただいた。

さて四キロビットに続いて一六キロビットメモリも開発されＨＭ６１１６として製品化された。顧客からは大好評をいただいたものの当初はなかなか大きな注文が入らなかった。顧客側の大きな懸念は「セカンド・ソースがないので供給不安がある」ということで、様子を見極めようとしていたのである。そこでわれわれは過剰ともいえるほど大量の在庫を積み上げ即納体制をとったところ、少しずつ注文がいただけるようになり、ある時期から加速していった。

いったん市場が立ち上がり始めるや、その勢いはいっそう強くなり、一九八一年末には一六キロビットSRAMの分野で世界トップのポジションを確保できたのである。

この成果は発明者をはじめとして設計技術者、製造・生産技術者、さらには営業部門を含めた日立半導体の総力を結集して成し遂げられたものである。素晴らしい発明に出会う機会があり、その商品化の推進役を担当し、半導体技術の潮流を大きく変えることに貢献できたことは生涯忘れることのできない思い出となっている。

†DRAMへの取り組み

さて、次はDRAMについての取り組みである。日立におけるDRAM事業は中央研究所（中研）とデバイス開発センター（デセ）の共同開発の成果を武蔵工場で商用化をするという流れで進められた。一キロビットDRAMはインテルによって一九七〇年に市場導入されたが、四キロビットではTIが新たなリーダーとなり、さらに一六キロビットではモステックが画期的な技術で市場を制覇した。ほぼ三年ごとにビット数が四倍になるという形で技術革新が進み、しかも世代ごとにリーダーが代わるというめまぐるしさである。

日立でも一キロビット、四キロビットの時代から着手したものの後追いの状況であり、一六キロの時代になって初めてかなりの手ごたえが出てきた。国内顧客はもとより海外でも一流のコンピューター・メーカーから注文をいただくことができるようになったのである。

そして新設の設計部としてははじめて世界のトップを目指して取り組むことを決意したのが、六四キロビットDRAMであった。日立の研究開発担当トップの渡辺宏氏（元日立副社長）の認可を受け、「特研（特別研究）」と称する全社プロジェクトに指定していただいたために、他の研究所や工場からもいろいろな形の支援が得られる体制になった。「世界のトップを目指そう！」という目標を合言葉にして、プロジェクト・メンバーは大いに燃えていたのである。

一九七九年に開発成功の新聞発表が行われ、直ちに量産の立ち上げが始まった。顧客評価も好評をいただき、一九八〇年には大量の引き合いが舞い込むほどであった。そして、好機到来！　とばかりに量産に拍車がかかり、一九八一年の後半には世界のトップにあることが確認されたのである。

一六キロビットSRAMと六四キロビットDRAMに加えて、同じく三ミクロン技術をベースとする三二キロビットEPROMの三系列が私たちの設計部の最重点だったが、一九八一年末には三系列ともに世界トップの座を占めることになった。新設計部ができたときに目指した「メモリの三冠達成」という状況がはじめて実現したのであった。

六四キロビットDRAM、一六キロビットSRAM、三二キロビットEPROMの三製品群は一九八二年から八四年にかけて急速な立ち上がりを見せ、日立半導体躍進の原動力の役割を果たした。この頃が日立半導体の第二期黄金時代といえるかもしれない。

しかし、この後のDRAM世代の事業化については多くの問題があった。二五六キロビットDRAMの場合も「特研」の体制でスタートし、開発面では順調な進行で、顧客へのサンプル支給も世界のトップ・グループであった。しかし、この世代が量産に移るべき一九八五年頃に半導体の大不況に見舞われ、しかも一九八六年からは日米半導体協定の管理対象製品となったために、思い切った投資もかなわず、いわば「不幸な世代」という形になってしまったのである。

しかも、続く一メガビットの世代ではさらに悪いことが重なった。技術的な要因としては当初選択したメモリ・セル構造が信頼性的に問題であることが判明したために途中から方向転換せざるを得なかったこと。また開発は武蔵工場、生産は茂原工場といった分担体制のために一貫性と集中力の欠如を招き、為す術なく敗退という形になってしまった。この世代を制したのは東芝であるが、その背景として全社の総力を挙げて一メガビットDRAMに取り組んだということが報道された。

しかし、半導体の技術競争において忘れてならないことは敗者復活があり得るということだ。次の世代の四メガビットDRAMについては捲土重来を期して、はじめから用意周到の準備で取り組んだ。

私は半導体不況の最中の一九八六年に武蔵工場長に就任したが、早々に「MHプロジェクト」と称する四メガビットDRAM開発のプロジェクトを起こした。MHの意味は「メモリ必勝」であり、一メガビットの世代の雪辱を果たそうという気持ちがこめられていた。中央研究所や武蔵工場からも開発メンバーをデバイス開発センターに集結させ、一丸となって取り組む体制にしたのである。開発は順調に進み、一九九〇年二月には「日経優秀製品」に選ばれた。

事業として成功させるためには開発に続いて大量の信頼性試験、量産立ち上げ、顧客承認、販売促進などさらに多くのリソースの結集が必要である。そのために起こしたプロジェクトがSGO（Submicron Grand Operation　サブミクロン大作戦）である。四メガビットでは〇・八ミクロン技術が使われ、初めて一ミクロンを切る技術だったことからこのように名づけられた。設計、製造、販売部隊が一丸となってこの作戦に取り組んだ結果、一九九〇年の夏には大量生産のレベルに達し、DRAMの世代で再びトップポジションを確保することができたのである。

3　山高ければ谷深し

†日立半導体の浮沈

話は戻るが、メモリ・マイコン担当の設計部長となった一九七八年には担当製品の売上規模は年間一〇〇億円にも満たない状況だった。しかし一九八一年末におけるメモリでの三冠達成によって売上は急速に伸びて、一九八三年には一〇〇〇億円を超えるほどになっていた。社内のみならず社外においても日立のメモリは高い評価をいただいた。その一つが一九八二年のIEDM（国際電子デバイス会議）でキーノート・スピーチの招待をいただいたことである。

この学会は世界中からデバイス系の技術者が集まる重要な学会であり、招待をいただけるのは大変名誉なことである。生産技術担当の長友宏人氏との連名で"Automation in Semiconductor Manufacturing"（半導体製造の自動化）というタイトルで講演を行った。後日プログラム委員長からスピーチに対して過分の賛辞をいただいたが、これは単に私のスピーチへの賛辞というよりも、当時世界のトップレベルにあった日立の半導体技術に対する評価をいただいたものだと思っている。

日立のメモリ技術は世界トップの位置を確保しただけでなく、社内における業績面での貢献も大きくなり、半導体分野の名を上げた。まさに「得意の時」である。このような時期にある週刊誌に「『10年後の社長』を推理する」というタイトルの大見出しの記事が出た（『週刊サンケイ』一九八四年一二月二〇日号）。サブタイトルには「日立製作所　従業員八万三千人のトップに牧本氏有力」と書かれていたのである。社内の多くの人がこれを読んだと思われ、いろいろな方々からコメントをいただいた。その中である先輩からの言葉が記憶に残っている。「これまで、もしかしたら牧本君の社長の芽があるのではないかと思っていた。しかし、これだけの「出る杭」になったのでは難しくなった気がする。日立はなんと言っても重電の会社だ。この記事のことは忘れて自重した方がよいと思う」。

後になってこの言葉の意味が解けたように思う。結果としては幻の社長候補となったが、この週刊誌の名誉のために付言すれば、私に続く二番目の候補として庄山悦彦氏（元日立社長）の名前が挙がっていたので、記事の内容としては「当たらずといえども遠からず」だったといえる。

さて、一九八四年までの半導体市場は活況を呈したが、明けて一九八五年には様相が一変し、月を追って製品の値段は下がり、売上は低下していった。当時の内橋正夫工場長を中心にして必死の対策が打たれたが赤字に転落してしまったのである。あっという間の様変わりであった。このような状況の中で一九八六年二月に内橋氏が事業部長になり、私が後任の武蔵工場長に任命された。

この年は日米半導体協定が締結された年でもあり、いわば管理貿易の中にあって日本の半導体メーカーにとっては、手足を縛られたような形での事業運営にならざるを得ない状況であった。前年から続いた工場の赤字はこの年も続いたため、会社全体の大問題となる。

†赤字継続で左遷

私は工場長在職一年で更迭されることになり、高崎工場長のポストが与えられた。この工場はいわば武蔵工場の弟工場のような感じだったので、この更迭は誰の目にも左遷であることがはっきりしていた。一九八七年二月二〇日、武蔵工場の屋上の隅々にはまだ雪が残っていたが、そこに全員が集合して離任の挨拶をしたときの口惜しさを忘れることはできない。

当時、半導体部門の人事昇格の順序は高崎工場長から武蔵工場長へ、武蔵工場長から事業部長へというのが慣例になっていたので、私の場合はまったく反対の方向であり、常識的にはこれが日立における最終ポストであると思われるものであった。

さて、高崎工場においても半導体不況の中で苦戦していたが、ここでの担当製品は国内向けが多く、また民生分野の比率が高かったので武蔵工場とは様相が異なっていた。赤字からの脱却のために進めたのがファイティング・デバイスの育成プロジェクトである。T

FD（Takasaki Fighting Devise）と名づけて、世界市場で戦えるファイティング・デバイスの育成を目標として選択と集中を行い、直ちに実行に移された。このような施策が効を奏して翌年にはほぼ正常な収益のレベルに復帰することができた。

その頃になって、半導体の事業運営は日立伝統の工場中心主義ではうまく機能しないのではないかという声が上がり始めた。日立半導体としての戦略の一元化が必要になってきたのだ。そこで、事業部の中に「半導体設計開発センター（略称、半セ）」が設立されることになり、思いがけず私がその初代センター長に任命された。二年前の左遷によって「もうこれまでか」と思っていたところに、新しい展開が始まることになったのである。

†マイコン特許係争問題

さて、半セのセンター長になって最初の大仕事がモトローラとのマイコン特許係争問題への対応である。そのいきさつについて述べよう。

日立では一九七四年に独自の四ビットマイコンを開発したが、本格的にマイコン事業に取り組んだのは、一九七六年にモトローラから八ビットマイコン（6800系列）を技術導入してからである。モトローラはインテルに対抗するために、セカンド・ソースのパートナーを求めていた。日立は自動組立機などの生産技術面で優れていたため、双方で協議の結果、技術交換の話がまとまり、モトローラ社の6800系列を導入することになった。平たく言えば「モトローラ社を盟主とする6800系列でインテルに対抗しよう」という図式だったのだ。

日立側では6800系の強化のために二つの大きな技術開発に取り組んだ。一つは高速CMOSデバイスのマイコンへの適用であり、もう一つがZTAT技術であった。前述のように、日立が高速CMOS技術を最初に適用したのは四キロおよび一六キロビットのSRAMだったが、次の応用製品として八ビットマイコンを選んだのである。モトローラ社から導入した最初の製品はNMOS版だったので、それを一年かけてCMOS化し、HD六三〇一の型名で一九八一年一〇月に製品発表がなされた。当然のことながら、両社の契約に基づいて、六三〇一はすぐにモトローラ社に技術移転がなされた。

もう一つの画期的な技術開発がZTAT技術である。ZTATはZero TAT、つまり「TAT（ターンアラウンドタイム）がゼロ」の意味であり、マスクROMに代わってプログラマブルROMを使い、ユーザーが自らプログラムできる方式である。当時、QTAT（QはQuickの意味）という言葉があったが、その極限を目指す技術として私が名前をつけたものである。この技術もモトローラ社に技術移転がなされた。

高速CMOS技術とZTAT技術の導入は顧客から高い評価をいただいたので、モトローラ社にも満足してもらっているだろうと思っていたが、両社の間には少しずつ隙間風が吹き始めていた。その背景には、日立におけるトップの交替で幹部間の交流が途絶えたことや市場における競合などがあったと思われる。また、日立が開発したCMOS技術やZTAT技術が先方では必ずしも事業に寄与していなかったことも考えられる。

そしてモトローラ社から突然にZTAT版については特許を許諾しない旨の通告が来た。日立ではやむなくその製品を市場から撤退せざるを得なくなったのである。

私は当時武蔵工場長のポストにあり、大変苦渋の選択を迫られていた。今後マイコンの事業展開をどうすべきか、という問題だ。制約の多いモトローラ社との技術契約を続けるか？　あるいは思い切って独自路線のマイコンを開発するか？

社内の研究所も含めて協議を重ね、「独自マイコンの路線で行こう」と決めて発表したのが一九八六年一〇月であった。私はその翌一九八七年から二年間、高崎工場に移ったため、マイコン事業から離れていたが、H8と名づけられた独自マイコンは順調に開発が進み、一九八八年六月に製品発表がなされた。

しかし、ここで予想もしない事件が発生したのだ。H8の発表から間もなく、翌年の一月にモトローラ社が「日立のH8はモトローラ社の特許を侵害している」ということを理由にして提訴したのである。日立では全社的な大騒ぎになり、すぐに逆提訴を行った。

運命のいたずらというべきか、Ｈ８提訴の翌月に私は高崎工場長から半セのセンター長に任命された。このマイコン問題は半セの責任範囲であり、私は多くの時間を割かざるを得ないことになったのである。裁判は長期化し、判決が出たのが一九九〇年一月、その判決をベースにして和解が成立したのが一九九〇年一〇月であった。日立ではこれを契機としてマイコン事業の再構築が始まったのである。

†独自路線のマイコン

モトローラ社とのマイコンの係争はいろいろな教訓を残した。マイコンの独自アーキテクチャを開発する場合は今までにない、まったく新しいものでなければならないということである。裁判の終結に伴いＨ８の上位マイコンの開発においては上記の教訓を踏まえて「これぞ日立！」といえるものを目指した。開発は木原利昌氏を中心に半セの精鋭と堂免信義氏（システム研究所）など研究所の部隊が一緒になってのプロジェクト体制でスタートした。

これが日立独自路線のＳＨマイコンで、一九九二年一一月にデビューした。ＳＨはSuperHから名づけたものである。ＳＨマイコンはカシオが最初に商品化したデジタルカメラ（ＱＶ10）やセガのゲーム機などをはじめ、デジタル・コンシューマー製品と呼ばれる新分野を拓くことに貢献した。

さて、SHのアーキテクチャとともにマイコン事業のもう一つの柱になったのがF－ZTAT技術である。これはマイコンの中にフラッシュメモリを取り入れたものだ。前述のZTAT技術はユーザー側での書き換えは一回だけだったが、今回のF－ZTATは何回でも書き換え可能となり、フレキシビリティーがはるかに高くなる。一九九三年七月の市場導入のあと、一九九五年以降急速な伸張を見せた。二〇〇〇年には一億個に迫る生産となり、大ヒット商品となった。この方式は現在世界のマイコンの標準となっている。

†日立半導体のトップへ

さて、一九八九年に半セのセンター長になってから、マイコン関連ではモトローラ社との特許問題も決着がつき、SHマイコンも順調に立ち上がり、さらにF－ZTATマイコンも各種の製品への適用が広がった。また、四メガビットDRAMの拡販のためのSGOも成功して、先端メモリ分野で再度世界のトップを取ることができた。SGOに続いて、その翌年にはMGO（マイコン・グランド・オペレーション、マイコン大作戦）がスタートし、マイコン事業の拡大の礎を築くことができた。

一方、半導体市況はこの頃から雲行きがあやしくなって成長が鈍化し、わが事業部の業績も落ち込んできた。そのような状況の中で一九九二年五月に思わぬ人事異動が発表された。当時の佐々木威事業部長が退任して関連会社に転出し、私が後任の事業部長に就任するというものであった。

通常、日立では役員人事の変更が行われるのは西暦の奇数年であるから、この年の事業部長の異動は異例といえるものであった。その理由として言われたのが「予算未達」ということである。一般の読者には馴染みの薄い言葉かもしれないが、日立では半年ごとに立てる予算（売上、収益、投資など）に対する達成状況を極めて厳しくフォローする制度になっていた。半導体の分野では好況時には売上の実績値が予算値を大幅に上回ることもあれば、反対に不況時には大幅に下回ることもあるので、「予算どおりぴったり」とはいかないことが多い。一方、重電分野では先々までの計画が見えているので半年ごとの予算と実績はほとんど狂うことがない。両者には大きな違いがあるのだ。そのために、半導体に馴染みの薄い重電系の幹部からは「半導体の人たちはまじめに仕事をやっていないのではないか？」と思われても仕方がなかった。半導体不況の度に、そのときのトップが責任を問われて更迭となり、結果として日立の役員の上層部の多くは重電分野の人たちが占めるようになったと思われる。

私は一九九二年に事業部長として日立半導体のトップとなり、一九九五年までの三年間を務めることになった。この期間にメモリ、マイコン等の先端製品の拡大が順調に進み、さらには市況の回復にも支えられて業績は飛躍的に伸びた。売上高は一九九二年の五六〇〇億円から一九九五年には九六〇〇億円と、三年間で四〇〇〇億円の伸張があったのだ。この時期が日立半導体の第三期黄金時代といえるかもしれない。

幸運にもそのような良い業績の中で、一九九五年六月に半導体事業部長のポストを後任の野宮紘靖氏にバトンタッチすることになった。そして私は「電子グループ長」として、半導体事業とディスプレイ事業の両分野を「管掌」する役割になった。友人のひとりはこれを聞いて「ここまでくれば半導体収益の赤、黒で責められることもなくなるだろう」と喜んでくれたのであった。しかし、半導体の世界はそんなに甘いものではなく、さらなる山谷が続くことになる。

†半導体協定の終結交渉

電子グループ長として二つの事業部門を管掌することになってからは次第に対外的な業務が増えたが、中でも一九九六年夏にカナダのバンクーバーで行われた日米半導体協定の終結交渉は忘れがたい思い出である。第5章第4節で述べたように、この協定はダンピング防止と市場アクセスの改善義務を含み、日本の半導体業界に対して大きな制約を課したものであった。何とか終結させたいというのが官民の悲願となっていたのである。

七月末の最終交渉の前に四回の予備交渉があったが、両国のスタンスは大きく開いたままになっていた。日本側としては「協定に織り込まれている条項についてはすべて解決済みだ。速やかに協定を終了したい」と主張したのに対し米国の見方は大きく異なっていた。「この協定によって日本市場は開かれたものとなり、ダンピングも起きていない、さらに日米間の摩擦は解消され、協力関係が築かれた。この協定のエッセンスをなるべく残したい」という意向を持っていた。

交渉は政府間交渉と民間交渉とが並行して行われたが、民間交渉を先行させ、これを両政府が裏書きする形になっていた（注・政府間交渉については当時の主席交渉官・元通商産業審議官・坂本吉弘著『目を世界に　心を祖国に』財界研究所、二〇〇〇年を参照）。

民間交渉の当事者は日本のＥＩＡＪ（日本電子機械工業会）と米国のＳＩＡ（半導体工業会）である。当時私はＥＩＡＪ電子デバイス委員長のポストにあり、大賀典夫会長からの要請で、民間交渉団の団長を務めることになった。メンバーとして東芝の大山昌伸氏、三菱電機の新村拓司氏、ＮＥＣの小野敏夫氏が加わった。先方はＳＩＡ会長のパット・ウェーバー氏を団長とする四人である。

この案件は両国のトップにとっても重要な関心事であり、クリントン大統領と橋本龍太郎首相が深く関わっていた。両トップ間で「協定交渉は七月末日までに終わらせる」という取り決めがすでになされていたのである。双方の交渉団にとって「七月末」というタイムリミットは至上命令に近いものであった。

日米双方の交渉団は「七月末の決着」を目指して二八日までにバンクーバーに集結した。到着した日に米国側団長のパット・ウェーバー氏と二人だけの話し合いを持った。そして「今回の交渉もこれまで同様に難航が予想されるが、忍耐強く何とか決着させよう」ということを確認し、どんな困難があろうとも「ネバーギブアップ！ を合言葉にしよう」と誓い合った。

最終交渉は公式、非公式の形で二九日、三〇日、三一日と断続的に続けられた。交渉団の背後にはそれぞれの支援部隊が控えており、交渉の場での区切ごとに適宜ブレイクを取って支援部隊との戦略すり合わせが行われた。

日本側にはＥＩＡＪとＵＣＯＭ（ユーザー協議会）の戦略部隊があり、米側にはＳＩＡの戦略部隊が控えていた。また政府側との意思の疎通も重要であり、交渉に何らかの変化が出るたびに相互に連絡を取って両者の認識にずれが出ないように細かく配慮した。日本の政府と民間は常に「ワンボイスで行こう！」ということを確認しながら交渉を進めたのである。

全体を通じて、表面上は静かな雰囲気での対話ではあったが、時には声を荒らげる場合もあり、また進展のないことへの不満から席を立って帰ってしまうような事態もあった。断続的なミーティングを三日間続けた結果、少しずつの進展はあったものの三一日になっても完全な合意には至らず、ついにタイムリミットの深夜一二時が迫ってきた。双方の交渉団の顔には焦りと疲労の色が浮かぶ。その時一人の知恵者が「ここで時計を止めよう」と提案した。このウィットのきいた一言に全員が力を得て交渉は再び続けられたのである。

おおむね議論が尽きたのは八月一日の早暁であるが、続いて日米の政府・民間の代表による最終会談がもたれた。日本からは担当大臣の塚原通産相、主席交渉官の坂本・通商産業審議官および民間代表の私が出席、米側からはバーシェフスキーUSTR代表、シャピロ大使およびウェーバーSIA会長が出席した。メディアへの発表文案を含む最終合意に至ったのは八月二日の明け方であった。

しかし、交渉団にとって「八月」という月はあり得ず、決着はあくまでも「七月末日」でなければならない。そのような事情から、当事者の間では「日米交渉が終結したのは七月三三日」と言われるようになっている。この表現は交渉が如何に難航したかを物語っている。

足かけ五日間の激しい攻防を経て、半導体協定はようやく、悲願の「終結」となった。

図7－1　日米交渉終結後のダルマの目入れ（右はSIA会長のパット・ウェーバー氏）

また合わせて、これからの業界スキームとして、日本側の提案になる世界半導体会議（WSC）の設立が基本合意となったことは大きな成果である。WSCは半導体トップの会合の場として、一九九七年から毎年開催され、今日まで続いている。

すべてが終わったあとで、米側団長のパット・ウェーバー氏と会って労いの言葉を交わし、続いてダルマの目入れを行った（図7－1）。

この日を境にして日本の半導体業界は一〇年間に及んだ日米半導体協定の足かせから解放されることになったのである。

二段階の降格

事業部長を後進に譲ってからしばらくの間、半導体は好調を維持しており、新体制にとっても順調な船出となった。しかし、翌一九九六年に入ると市況は急速に悪化した。そして一九九七年、一九九八年と三年間にわたって不況が続いたのである。

そのような中で私は一九九七年に常務から専務に昇格したが、その翌年の五月には悪夢のような二段階の降格が待っていた。

一九九八年五月二一日(木)。この日の九時に常務会が予定されていたが、その前の八時半に社長室に出頭するようにとの連絡があった。そしてK社長から「半導体の業績悪化のために日立全体の業績も落ち込んだ。君にはその責任として、専務から取締役になってもらう。株主総会の前にこれを公表する」という趣旨の示達があった。二段階の降格である。六月二六日に株主総会が予定されており、その生贄という意味だったのである。半導体の業績悪化の責任は感じていたので何らかの処分は覚悟していたものの、これまでに前例のない二段階降格には驚きを禁じ得なかった。

通常、このような人事案件は常務会で審議の後、翌週の取締役会の議決で定まる。しかし、社長提案の降格案は実務部隊からの反対にあったのか、すんなりとは進まなかった。翌週の取締役会議では取り上げられず、総会後の取締役会議に持ち越されることになった。K氏が意図した「株主総会での生贄」という意味はまったくなくなったのである。

一方、私は社長示達の後、数日間自分の身の処し方について思いを廻らせた。四〇年近くにわたって日立の半導体の分野で心血を注いできた最後の結末が二段階降格という屈辱で終わるのかと思うと、まさにはらわたが煮えくり返るような悔しさだったのである。屈辱のままで取締役にとどまるか？　あるいは、辞任して新しい展開を探るか？

数日間にわたってそのような気持ちを整理した後、取締役辞任の決意を固め、「辞任願」を認《したた》めてこれをK社長に持参した。私としては決意を固めたからにはなるべく早く取締役会決議にかけて、正式手続きをしてほしいという希望をK氏に伝えた。しかし、同氏にとっては六月二六日の株主総会を無難に乗り切るのが最大の狙いだったのだろう。総会前の辞任だと目立つので総会後にしてほしいと懇願され、私もそれを受け入れて、辞任の日付は七月一日に決まった。しかし、総会の前日（六月二五日）に急遽K氏から呼び出しがあり、総会の直後の辞任ということではあまりにも早すぎるので、辞任の日付をもう少し延ばしてほしいとの懇願があった。私には身勝手な優柔不断にしか思えなかったが、とにかく今度はしっかり約束を守ってほしいと念を押した上でそれを了承した。その後、この約束は履行されず、結果として一年間にわたって「辞任願」は握りつぶされることになったのである。

明けて一九九九年、すでに会長に昇格していたK氏から呼び出しがあり、「示達」があった。これまでのいきさつには触れることなく「君は役員定年に達したので今期で取締役を退任してもらう」という趣旨であった。私はこのやり方に憤りを感じたので、私の辞任願がなぜ一年間にわたって握りつぶされたのかについて詰問した。そしてその後には果てるともない不毛の言い合いが続いたのである。普通、示達といえばせいぜい二〜三分で終わるが、このときはあまりに長引いたために秘書が心配したのか、途中でコーヒーを持ってきてくれた。おそらく秘書にとっても、示達のときにコーヒーを出したのは初めてのことだったのではないか。

4　日立からソニーへ

私は一九九九年の株主総会をもって取締役を退任したが、一年後の二〇〇〇年六月にソニーの出井伸之社長（当時）から直接のお電話をいただき、ソニーの半導体強化のために一役買ってほしいという趣旨を伝えられた。出井氏も私の意見と同じで、これからの日本においてはデジタル・コンシューマー製品と先端半導体との相乗的発展が重要ということで意気投合するところがあった。ソニーでは執行役員専務として迎えていただいたので、一九九八年の二段階降格の処分から二年ぶりに深い谷底から這い上がることができたのであった。

私の役割は半導体技術戦略担当として、「半導体テクノロジー・ボード議長」のポストが与えられた。これは社内のセット部門、研究所部門と半導体部門の幹部の会議で、技術課題について審議し、ロードマップの共有を図ることがミッションであった。さらに私が力を入れたのが若手エンジニアの教育である。この年に設立されたセミコンダクタ・ユニバーシティの学長を兼務することになり、その活動の一部として、グローバル時代のリーダー育成のために、毎年約一〇人のエンジニアを選び私塾のような形での教育を行った。これは「牧本塾」と呼ばれ、その卒業生は四〇人ほどになり、それぞれの職場の中核として活躍している。

社外での活動も日立の時代より多くなった。中でも二〇〇二年のIEDMにおけるキーノート・スピーチは忘れられない思い出である。IEDMでは一九八二年にもスピーチを行っており、それからちょうど二〇年目に廻ってきたものである。タイトルは"Chip Technologies for Entertainment Robots"（エンタテインメント用ロボット向けの半導体技術）で、ソニーのロボット研究の先駆者である土井利忠氏（当時上席常務）との連名であった。この機会によってロボットのことを深く学ぶことができ、今日につながる多くの知見が得られた。

私の半導体人生における一つのハイライトは二〇〇四年三月、米国セミコリサーチ社主催の国際会合においてベルウェザー賞をいただいたことである。ベルウェザー（Bellwether）の語源は「首に鈴をつけて群れを先導する雄羊」であり、転じて「先導者」

を意味する。これは一九九九年に創設された賞で、毎年、半導体業界への貢献が大きい経営者一人に贈られる。私の前の受賞者はモーリス・チャン氏（TSMCの創立者でCEO）、スティーブ・アプルトン氏（マイクロンのCEO）、ウォーリー・ラインズ氏（メンターグラフィックスのCEO）、ジェリー・サンダース氏（AMDの創立者）などであり、まさに錚々たる顔ぶれで半導体の歴戦の勇士と呼ぶにふさわしい。このような勇士と同列に並ばせていただいたことは半導体にその半生をささげた者にとって最高の栄誉であると感じた。図7－2はいただいた釣鐘状の賞品であるが、このデザインはイタリア出身の芸術家パオロ・ソレリによるものである。同氏はアーコロジー（アーキテクチャとエコロジーの一体化）の提唱者として知られる。

図7－2　ベルウェザー賞の受賞

半導体歴史館と教育事業

二〇〇五年にソニーを引退し、日々の会社勤めがなくなり自由な生活が始まった。日本を代表する、まったくカルチャーの異なる日立とソニーで働くことができたことはまことに幸せなことであった。天からの贈物として感謝している。

現役を引退した後も今日に至るまで半導体関連のことに携わってきたが、その中で日本半導体歴史館の創設と教育事業のことについて触れておきたい。

事の始まりは二〇〇九年に半導体産業人協会（SSIS）の会長（後に理事長）に就任したことである。この協会は東芝出身の川西剛氏を中心にして一九九八年に設立された（当時は半導体シニア協会）ものであるが、初代の会長として一〇年を務めあげた川西氏から直々の要請をいただいたものである。

理事長に就任して重点的に取り組んだのが、半導体歴史館の創設と教育事業の開始である。私は二〇〇七年に米国のコンピュータ歴史博物館を訪問した折、その充実ぶりに驚いた。歴史に名を残す多くのコンピュータ関連製品が陳列されており、中にはソロバンや計算尺、電卓などもある。このような実物展示と合わせて、ネット上には歴史年表を含めて、半導体を含むいろいろな情報が展示されている。

その時以来、日本でも半導体の歴史をしっかり残さなければならないとの思いが強かった。歴史関連に興味を持つメンバーを募って歴史館委員会を作り、二〇一〇年にバーチャルミュージアムとしての日本半導体歴史館（https://www.shmj.or.jp/）を創設した。歴史館の構成は「本館」と「特別展示室」からなっているが、本館は業界動向、応用製品、集積回路、個別半導体、プロセス技術、パッケージング技術、製造装置・材料と分かれて、それぞれ編年体方式で記述がなされている。一方、特別展示室は特定のテーマについて自由なフォーマットで関連事項が記述されている。「黎明期の人々」、「志村資料室（技術ジャーナリストの志村氏が寄贈した資料）」などに加えて「牧本資料室」もあり、論文やプレゼン資料などが展示されている。

日本語版と共に英語版もあり、海外からのアクセスも広がっている。ここまで充実することができたのは歴代の熱心なメンバーのおかげであり、感謝している。

一方、教育事業は協会の財政問題の立て直しが動機となって開始したものである。協会の運営は会員からの年会費と半導体企業からの寄付でまかなわれていたが、二〇〇八年に起きたリーマンショックを受けて、半導体企業の業績は落ち込み、寄付の額は急激な減少傾向となった。会員の中から教育熱心な方を募って半導体教育講座を始めたところ、次第に評判が広がり、現在では春と秋に入門者対象と経験者対象の二つのコースが定着している。私は最初から講師の一人としてこの講座に携わっており、入門者向けには半導体の歴史の教育、経験者向けには「特別講話」として、最新動向をテーマとした教育を行っている。

コロナ禍の中では対面方式が取れなくなったが、ITに熱心なメンバーが率先してオンライン方式での講座を可能としたため、教育活動を切らさずに続けることができた。教育事業は協会の財政を支える重要な基盤となっており、メンバー各位に感謝している。

†二つの受賞

喜寿に達した二〇一三年に思わぬ賞をいただいた。アルメニア共和国大統領からの「グローバルIT賞」である。この賞はIT立国を目指すアルメニアが二〇〇九年に創設したもので、グローバルなレベルでITの進歩に貢献した者に与えられる。それまでの受賞者はクレイグ・バレット（元インテル会長）、スティーブ・ウォズニアック（アップルの共同創設者）、フェデリコ・ファジン（世界初のマイコン開発者）の三人。私の表彰理由は高速CMOSデバイスの商用化によって電子機器のローパワー化に貢献し、デジタル・ノマド時代の到来を可能にしたことである。

授賞式のあと数日間現地に滞在して、いろいろなところを案内していただき、多くの人と出会うこともできたので、アルメニアという国に大きな興味を持った。後日、アルメニアの紹介と旅の思い出などを含めて出版したのが『IT立国アルメニア』（東京図書出版、二〇一五年）である。

また、二〇一八年にはIEEEより、ロバート・ノイス賞をいただいた。この賞はICの発明者の一人であるロバート・ノイスを記念して一九九九年に創設されたものであり、日本人として五人目の受賞者となった。受賞理由はCMOSメモリ、マイコンの事業化における技術的・経営的リーダーシップ。

これらの受賞は私一人でいただいたものではなく、苦楽を共にした多くの方々と一緒にいただいたものであり、感謝に堪えない。

これまでの半導体人生を総括すれば「ミコロビシオキ」と表現できるほどに、浮沈の激しいものであった。半導体のダイナミズムは高い山と深い谷を伴うので、好調の時には実力以上の評価を受けるが、不調のときには実力以下の評価になる。この産業においては、たとえ一時的に落ち込むことがあったとしても、必ず敗者復活のチャンスが与えられる。したがって"Never give up!"という気持ちを失わないことが大事である。私が身をもって学んだこの言葉を激励のメッセージとして半導体に携わる人々へ残したい。

YouTube：https://youtu.be/fZ3UEgPgXqs

日はまた昇る半導体

作詞　牧本 次生

一、輝く希望の星として、
　あまたの夢を拓きつつ
たどりつきにし新世紀
　突如怒涛の大不況
厳しき試練耐え抜きて
　歴史を刻む半導体

二、資源乏しきわが国は
　知的立国あるのみと
シリコンサイクル乗り越えて
　ひたすら目指すサバイバル
国の将来双肩に
　要とならん半導体

三、激しき戦勝ち抜きて
　誉れも高き思い出よ
その栄光を今は捨て
　断固の決意新たなり
日はまた昇る半導体
　がんばれ！ニッポン半導体

図7－3　日本半導体応援歌

5　日はまた昇る半導体

†日本半導体応援歌

半導体産業は「シリコン・サイクル」の名前が象徴するように、極めてアップダウンの激しい産業である。二〇〇一年のダウン・サイクルの場合は、ＩＴバブルの崩壊に伴って半導体市場は対前年三二％も落ち込む大不況となった。総合電機メーカーの業績もほとんどが赤字となったが、「わが社の赤字の元凶は半導体だ」ということが公然と言われ、半導体分野の人たちはそろって肩を落として沈み込んだのである。

そこで一念発起して日本半導体の応援歌を作ることにした。図7－3に応援歌「日はまた昇る半導体」の歌詞を示す。歌詞の一番の「突如怒濤の大不況」は二〇〇一年のITバブル不況のことを指している。また、三番の「誉れも高き思い出よ」は一九八〇年代に世界のトップシェアを占めたことである。

歌詞が完成してからいくつかの歳月を経て、二〇〇五年にルネサス販売の北野哲郎社長たちと歓談の機会があり、この歌詞に曲をつけてCDを作ることの相談がまとまった。作曲は山田ゆうすけ氏（当時、ルネサスソリューションズ部長）に依頼した。

今般改めて、山田氏の友人のボーカル・グループ「林和夫とゆかいな仲間たち」に歌っていただき、動画をYouTubeで公開する運びとなった。そのアドレスとQRコードを図7－3の左上に示す。

半導体は日本の宝であり、半導体を失って日本の明るい未来はない。政府は「強靭な半導体産業を持つことが国家の命運を握る」として重点的な強化策に乗り出している。今こそ復権に向けてのチャンスである。強いマインドセットを持って新しい半導体の時代を拓こう。

あとがき

本書の原稿をあらかた書き終えた後でも半導体や自動車・ロボットをめぐる話題はいろいろなメディアで取りあげられている。ここではその中から主だった事例を取り上げて直近の動向を紹介したい。

ＮＨＫでは二〇二一年八月二一日の放送番組において、半導体不足の影響が自動車業界や電機メーカー以外にも幅広い業種に広がっていることを報じた。国内の主な企業一〇〇社にアンケートを行った結果、六割近い企業が「事業に影響が出た」とのことである。いろいろな事例紹介の一つとして酸素濃縮装置のことが含まれている。この装置はコロナ禍において酸素ステーションなどで使われる大事な医療機器であるが、米国製のマイコンが入手できず、一部の生産が停止しているとのことだ。

九月一六日の電子デバイス産業新聞では、経産省産業機械課ロボット政策室長大星光弘氏のインタビュー記事「サービスロボ普及に向けた施策強化……人とロボが共存できる社会を構築」が掲載された。まずは人手不足への対応や非接触ニーズの高い施設などからサービスロボの活用を進めるとのことである。人材育成の手段として「未来ロボティクスエンジニア育成協議会」がすでに活動を始めているとのこと。政府がこのような強化策を打ち出したことはまことに心強い限りである。今後は第6章第4節で述べたように、ロボティクスと半導体との相乗効果によって、世界をリードできるような思い切った振興策を打ち出していただきたい。

日経新聞では九月二〇日紙面の「迫真」欄において「半導体　世界を揺らす」のテーマで連載を始めた。初回のタイトルは「「コメ」ではない、「心臓」だ」。その意味は、自動車にとって半導体は人間の心臓に当たるほどの重要性を持っているということであり、第1章第3節で取りあげた自動車産業を直撃した半導体不足問題が主題である。ボストン・コンサルティングの直近の推計では二一年の自動車生産は当初計画から七〇〇万〜九〇〇万台の減産になるとのことであり、従来の予想よりも減産幅が拡大したようである。

二回目のタイトルは「心配で夜も眠れない」。話の主は米商務長官のジーナ・レモンド。「半導体生産の強化のための補助金五二〇億ドルを含むＣＨＩＰＳ法が速やかに可決するか、心配で夜も眠れない」という意味。これは第1章第1節で取りあげた内容であり、国内・海外企業に対する補助金としてバイデン政権が進めている目玉政策である。

三回目のタイトルは「台湾「このままではパンク」」。世界の先端半導体生産の九二％は台湾に集中しているが需要に供給が追いつかず、ＴＳＭＣの工場はフル操業の状態にある。五〇代の幹部男性の場合、昨秋以来、超繁忙期に入っており、帰宅は毎晩、深夜三時過ぎ。会社で寝泊まりするようにもなったとのこと。現場の声として「このままではパンクする。ＴＳＭＣの工場に何かあれば世界経済への衝撃は相当だ。世界はまだその現実の恐ろしさを知らない」。

最終回のタイトルは「国で兆円規模の予算を」。政府ではＴＳＭＣの誘致を進めており、月二回ほど誘致に向けての課題を議論しているが、先方の態度ははっきりしない。ＴＳＭＣの誘致には巨額の補助金が必要であるが、民間では賄えないので、兆円規模の予算を政府で獲得してほしい、というのがタイトルの意味である。

一〇月一四日、ＮＨＫは夜のニュース番組において、ＴＳＭＣが日本での工場建設を正式に発表したと報じた。二〇二二年に着工し、二四年から生産開始の計画である。投資規模や建設予定地などの詳細には触れなかった。ＴＳＭＣ工場の国内誘致が実現すれば半導体サプライチェーンの安定化に貢献するとともに、川上産業（製造装置や材料分野）にとってもポジティブなインパクトになるだろう。

しかし、日本半導体の本質的な問題はデバイス分野の弱体化であり、これはＴＳＭＣの国内誘致とは異なる次元の問題であることを忘れてはならない。この問題の解決に当たっては他力本願ではなく、自らの努力で道を切り開かねばならないのである。

本書を通してなるべく多くの方が半導体に対する関心を抱き、併せて理解を深めることができたとすれば、筆者にとって望外の喜びである。

謝辞

本書の執筆に当たっては多くの方々からご支援をいただきました。お世話になった皆様の名をここに記して感謝の意を表します。

東京大学五神真教授、同大学黒田忠広教授、元東京エレクトロン会長兼ＣＥＯ東哲郎氏には広い視点からのご意見とご示唆をいただきました。

元通商産業審議官の坂本吉弘氏には終始ご支援とご鞭撻をいただきました。

半導体産業人協会の内海忠氏、橋本浩一氏、青木昭明氏（故人）、喜田祐三氏、東條敏幸氏、藤井嘉徳氏には終始温かいご声援をいただきました。

筑摩書房松田健編集長とフリー編集者の内田雅子さんには企画段階から出版に至るまで大変お世話になりました。

最後に妻の久美子には図面の作成や校正に加え、一人の読者の立場からいろいろなアドバイスをもらいました。

皆様方のご支援に対し改めて厚く御礼申しあげます。

二〇二一年秋

著者

用語解説

RF（アールエフ）デバイス
RF は Radio Frequency（無線周波数）の略。スマホなどの無線機において無線信号を受信したり、送信したりするデバイス。

IEDM（アイイーディーエム）
International Electron Devices Meeting の略、国際電子デバイス会議。ISSCC とともに半導体に関する世界最大級の国際会議。特にデバイス・プロセス分野における最新技術に関する発表が行われる。IEEE の主宰で年 1 回開催される。

ISSCC（アイエスエスシーシー）
International Solid-State Circuits Conference の略。国際固体素子回路会議。IEDM とともに半導体に関する世界最大級の国際会議。特に回路・システム関連の最新技術に関する発表が行われる。IEEE の主宰で年 1 回開催され、「半導体のオリンピック」ともいわれる。

IMD（アイエムディー）
International Institute for Management Development の略称。国際経営開発研究所。1990 年 1 月、2 つのビジネス・スクールの合併によって設立された経営研究所。本部はスイスのローザンヌ。毎年発表される「世界競争力ランキング」が注目される。

IDM（アイディーエム）
Integrated Device Manufacturer の略で垂直統合型半導体企業の意味。設計、製造、販売など一連のプロセスをすべて自社内で行う企業のこと。米国のインテル、韓国のサムスンや日本のキオクシアなどが代表事例。

IEEE（アイトリプルイー）
Institute of Electrical and Electronics Engineers の略。米国に本部をおく世界最大級の学会。会員は世界各国の電気、電子、情報、通信系などの技術者 42 万人。「IEEE スペクトラム」は同機関の定期刊行誌として最新技術動向などをカバーする。

IP（アイピー）
Intellectual Property の略。広義には特許や著作権などを含む知的財産権。半導体業界では LSI を構成するために必要な機能ブロッ

クをIPと呼ぶ。

あすかプロジェクト
SoC（System on Chip）の基盤技術開発のために進められた民間主体のプロジェクト。2001年4月にスタートし、5年間続けられた。予算総額は840億円。Seleteが主としてプロセス技術を担当し、STARCが主として設計技術を担当した。

アプリケーション・プロセッサ
スマホやタブレットの様々な機能をこなすための中心となる半導体デバイス。CPUの他にメディア処理、通信制御、GPU（グラフィックス・プロセッサ）などをワンチップの中に集積しており、SoC（システム・オンチップ）の代表的な事例となっている。

EDA（イーディーエイ）
Electronic Design Automationの略。コンピュータ支援による電子機器や半導体チップの設計自動化、またはそれに用いる専用ツール（ソフト、ハード）の総称。

EUV（イーユーブイ）**露光**
Extreme Ultraviolet Lithography（極端紫外線露光）の略。波長が13.5nmの光源を使って露光する方式で、最先端半導体プロセスの加工に使われる。開発に難航したが、オランダのASML社によって2018年に量産機が完成した。TSMC、サムスンなどによって7nm以降のプロセスに使われている。

ASSP（エイエスエスピー）
Application Specific Standard Productの略。特定の応用分野に限って標準的に使われる製品。例えばスマホ分野向けのアプリケーション・プロセッサなど。

ASIC（エイシック）
Application Specific ICの略。特定の応用向けのIC（たとえばテレビ専用のICなど）。汎用ICの対語。

SIA（エスアイエイ）
Semiconductor Industry Associationの略。米国半導体工業会。1977年にインテル、AMDなど5社が中心になって設立された。米国の半導体産業の振興のための諸施策を立案し、業界の声を一本にまとめて政府、大学、マスコミなどに届ける。最近では国内生産

の強化のために政府への働きかけを強めている。

SoC（エスオーシー）
System on Chip の略。複数個の IC を組み合わせて実現していたシステム機能を 1 個のチップ上に実現したもの。MPU、メモリ、アナログ回路などが同一チップ上に搭載される。スマホのアプリケーション・プロセッサなどがその事例。

SRAM（エスラム）
Static Random Access Memory の略。随時読み出し、書き込みが可能なメモリの一種。DRAM と異なり、一定間隔でのデータのリフレッシュは不要。DRAM に比べてビット数は少ないが、スピードが速く、使いやすいという特徴がある。

FPGA（エフピージーエイ）
Field Programmable Gate Array の略。通常のゲート・アレーでは半導体メーカーがマスクを使ってチップにプログラムを書き込む（マスク・プログラムと呼ぶ）が、FPGA ではユーザーが手元（フィールド）でプログラムを書き込む。TAT が短いためプロトタイプの作成のみならず、少量生産として使われることもある。

OS（オーエス）
Operating System の略。コンピュータの運用全体を管理する基本ソフトウェア。1981 年に導入された IBM の PC にマイクロソフト社の MS-DOS が使われたことから広く普及した。現在は同社の Windows がパソコンのデファクト・スタンダード OS になっている。

OSAT（オーサット）
Outsourced Semiconductor Assembly and Test の略。半導体の水平分業の一つで、後工程（組み立てやテスト）の業務を受託する企業。台湾の ASE、米国のアムコアなどがその事例。

GAFA（ガーファ）
米国の IT（情報技術）関連大手企業 4 社（Google, Apple, Facebook, Amazon）の頭文字をとって名付けられた造語。GAFA は様々な IT 関連サービスの基盤（プラットフォーム）となっており、情報化社会において欠かせない存在となっている。

CMOS（シーモス）
Complementary MOSの略。CMOSトランジスタはPMOSとNMOSトランジスタが一対となった複合トランジスタ。最大の特徴は消費電力が小さいことであり、腕時計や液晶電卓などの分野で需要が立ち上がった。その後、高速化の技術が確立され、今日ではほとんどのデバイスにCMOSが使われている。

SIRIJ（シリジェイ）
半導体産業研究所の略。日本の半導体メーカー10社によって1994年に設立され、業界のシンクタンクとして機能した。日本半導体産業の再活性化を目指して調査、研究、推進に従事したが、2015年に解散となった。

STARC（スターク）
半導体理工学研究センターの略。STARCは半導体設計技術の強化を目的とし、日本の主要半導体メーカーの出資で、1995年に設立された。半導体設計技術の共同研究、大学との連携、技術者教育などを推進した。2016年に解散。

世界半導体会議（WSC, World Semiconductor Council）
1996年の日米半導体協定の終結交渉の一環として日米両国が世界半導体会議（WSC）の設立に合意。第1回会合が翌年にハワイで開かれ、欧州、韓国も参加した。会議の目的は業界間の相互理解を深め、世界半導体産業の健全な発展のための協力を促進することにあり、毎年1回開かれている。

接合型トランジスタ
PN接合によって構成されるバイポーラ・トランジスタ。点接触型トランジスタと対比して呼ばれる。

SEMATECH（セマテック）
Semiconductor Manufacturing Technologyの略。1987年に米国において官民合同で設立された次世代半導体の製造技術の開発を目的としたコンソーシアム。半導体シェアで日本に首位の座を奪われたのを契機として、日本の超LSI技術研究組合を参考にしてスタートした。

SEMI（セミ）
Semiconductor Equipment and Materials Internationalの略。国際半導体製造装置材料協会。半導体技術に関連した製造装置・材料・

サービスを提供する企業の国際的な業界団体で1970年に米国で設立された。半導体製造装置の市場規模など半導体関連緒統計を定期的に発表するほか、SEMICONショーとして展示会を世界各地で開催している。

SELETE（セリート）
半導体先端テクノロジーズの略。日本国内の主要な半導体メーカー10社が、1996年2月に、共同出資して設立した半導体技術共同開発会社。大口径ウエハーの生産技術や微細化プロセスの開発などを担当し、2011年に終了した。

Society（ソサエティー）**5.0**
狩猟社会、農耕社会、工業社会、情報社会に続く、5番目の社会を指す。わが国が目指すべき未来社会の姿として提唱された。サイバー空間とフィジカル空間の融合によってAIやロボットの力を借りながら、豊かな社会の実現を目指す。

中国製造2025
2015年に中国政府が発表した中長期産業政策で、10の重点分野を設定して製造業の強化を目指す。その中には半導体や5G通信を含む「高度情報技術」が挙げられている。半導体の自給率目標として2020年に40%、25年には70%を掲げているが、その達成は難航している。

超LSIプロジェクト
1976年から4年間にわたって通産省（当時）主導で進められた産官連携の国家プロジェクト。大きな成果を上げたが、米国などから官民癒着の方式との批判を受け、日米摩擦の火種の1つとなった。

DRAM（ディーラム）
Dynamic Random Access Memoryの略。パソコンやスマホの主メモリなどに使われる、最も代表的な半導体メモリ。随時書き込み、読み出しが可能であるが、キャパシタに蓄えられている電荷がリークして徐々に失われるため、一定間隔でのリフレッシュが必要。

デジタル・トランスフォーメーション（DX）
スウェーデン・ウメオ大学のエリック・ストルターマン教授によって2004年に提唱された概念。「ITの浸透が、人々の生活をあらゆる面でよりよい方向に変化させる」と定義されている。ビジネス的な側面では、ITを最大限に活用して事業の革新を進めることを意

味する。

Digital Nomad（デジタルノマド）
ノマドは遊牧民の意味。1997年に発刊された牧本次生とデビッド・マナーズ共著のタイトルとして使われたのが最初。半導体の進化によって万能端末が開発され、人々は場所や時間の制約から解放されて遊牧民的なライフスタイルが広がるだろうと予測した。現在、スマホなどの普及によってノマドスタイルが広がっている。

点接触型トランジスタ
1947年に発明されたトランジスタ。ゲルマニウム基盤の上に2本の細いタングステン線を近接して配置した構造。安定性に欠けていたので量産性は乏しく、実用化時点では接合型トランジスタに移行した。

日米半導体協定
1986年に日米政府間で結ばれた半導体関連の協定で、日本の産業界に対して次のような制約が課され、日本半導体の弱体化の一因となった。10年後の96年に終結。
（1）国内市場における海外製品のシェア（当時10%弱）を20%に上げること。
（2）ダンピング防止のために、DRAMの売価は企業ごとに米国政府が指示する。

バイポーラIC
バイポーラ・トランジスタを基本構成要素とするIC。最初に製品化されたが、スピードは速いものの消費電力が大きいため、主流の座をCMOS ICに譲った。現在はアナログ回路など特殊用途に使われる。

ファウンドリ
自社の製品を持たず、ファブレス企業（またはIDM）の製造を受託する企業。1987年に台湾のTSMCが開始した新しいビジネスモデル。同社は現在でも世界市場の50%強のシェアを持つ。

ファブレス企業
水平分業型半導体企業の1つで設計と販売のみを行い、製造はファウンドリ企業に依存する形態。米国のクアルコムや台湾のメディアテックなどが代表事例。

フラッシュ・メモリ
電気的にデータの書き込み・消去ができるプログラマブル・ROM（読み出し専用メモリ）の一種。電源を切ってもデータが消えない不揮発性メモリである。消去は一括して行われるが、これによってビット単価を下げられる。スマホやPCなど多くのデジタル製品に使われ、需要が大きく伸びている。

プレーナ方式
プレーナとは「平面的な」という意味で、平面的な構造を有する半導体素子やICを作るためのプロセス方式。特にシリコン・プレーナ方式はICの基礎を築いたという意味でも重要な技術である。

マイクロプロセッサ（MPUと同じ）
コンピュータの中央演算処理装置（CPU）の機能部分を1チップ化したLSI。1971年にインテルが初めて4ビットMPUを製品化した。MPUはパソコンやサーバーをはじめ、エレクトロニクス機器の心臓部として広く用いられている。

牧本ウェーブ
半導体産業において、標準化指向とカスタム指向がほぼ10年ごとに入れ替わる現象。1991年に『エレクトロニクス・ウィークリー』（英）によって名付けられた

ムーアの法則
1965年にゴードン・ムーアはチップ上に集積できる素子の数（集積度）が毎年2倍に増えるということを見出し、10年後には1000倍になると予想した。これがムーアの法則の原点であるが、現在では「チップの集積度は1.5年から2年で2倍になる」とされている。

UCOM（ユーコム）
Users' Committee of Foreign Semiconductorsの略。半導体ユーザー協議会。日米半導体協定の成立を受け、1988年5月に発足。外国製半導体の国内における購入促進のための支援活動を行い、目標とされた20%のシェアを上回る成果を上げた。96年に日米半導体協定は終結したが、その後3年間の活動を続け99年に解散した。